친절한

# 과학사전

# 친절한 과학 사전

## 정보편

@ 김갑수 지음

북 카라반
CARAVAN

"

인터넷과 정보통신기술의 발달로 1990년대 정보를 제공하는 생산자와 제공된 정보를 검색하고 활용하는 소비자로 구분되는 웹 1.0 시대를 거쳐 닷컴 붕괴 이후 살아난 기업의 특징을 설명하기 위해 웹 2.0의 개념이 도입되었습니다.

웹 2.0 시대는 네트워크 속도의 증가와 인터넷의 대중화로 네트워크의 급격한 확장이 이루어졌고, 소비자의 입장이었던 웹 사용자들이 이제는 정보를 생산하는 생산자와 소비자의 구분이 모호해지는 프로슈머의 역할을 하게 되었습니다.

2006년 11월, 『뉴욕타임스』에 소개된 시맨틱 웹 기반의 Web 3.0은 컴퓨터가 정보자원의 뜻을 이해하고, 논리적 추론까지 할 수 있는 온톨로지로 구조화하여 처리하는 웹 패러다임의 새로운 변화를 이끌었습니다.

즉, 인터넷의 미래는 컴퓨터가 상황을 인식하고, 정보를 이해하고 가공하여 새로운 정보를 만들고, 데이터 간의 통신으로 이미 구축된 다양한 데이터와 이용자의 패턴을 추론함으로써 특정 사용자에게 맞춤형 서비스를 제공하여 개인 비서의 역할을 하는 지능형 웹이 주축을 이룰 것으로 예측됩니다.

한국 EMC에서는 2014년 우리나라에서 생성된 디지털 데이터의 양을 1,360억 기가바이트(GB)로 집계했고, 2020년에는 약 8,470억 기가바이트에 달할 것이라 예측하고 있습니다. 사람과 컴퓨터가 만들어내는 수많은 정보들은 이미 우리가 검색하고 확인할 수 있는 이상으로 넘쳐나고 있습니다.

친절한 과학사전 『정보』 편에서는 이러한 정보의 홍수 속에서 꼭 필요한 용어, 새롭게 만들어지는 용어를 다루려 노력했고, 교과서에 나오는 기본 용어를 중심으로 누구나 쉽게 이해할 수 있도록 기본 내용에 충실하게 설명하고 좀 더 깊이 있는 내용에 대한 학습이 이루어질 수 있도록 심화된 내용을 간단하게 제공했습니다.

이 책을 통해 정보의 기본 개념을 습득함과 아울러 더욱 깊이 있는 정보 지식을 확장하는 계기를 마련하기를 바랍니다. 또한, 이 책을 통해 4차 산업혁명과 웹 3.0의 빠른 변화에 적응하며 다양하고 방대한 정보의 홍수 속에서 살아남을 수 있는 기틀을 다지는 기회가 되기를 기대합니다.

"

지은이 **김갑수**

# contents

# 가상현실

**정의**　가상현실(假想現實, VR: virtual reality)은 다음 3가지로 정의할 수 있다.

① 인간의 감각(시각, 청각, 촉각, 후각, 미각)을 이용해 사이버 공간을 현실처럼 인식시키는 기술이다.

② 인공으로 만들어낸 가상의 특정한 공간, 환경, 상황에서 사용자의 오감을 자극하여 실제와 유사한 공간적 · 시간적 체험을 가능하게 하는 기술이다.

③ 가상으로 존재하는 세계를 현실세계처럼 실제로 보고 듣고 느낄 수 있게 한 것, 즉 존재하지 않으나 사용자의 감각을 통해 체험하는 인공 현실이다.

| 가상현실 게임 장면

가상현실은 현실세계의 디바이스를 가상으로 제시하는 것과, 인공의 가상세계를 사용자에게 제시하는 것으로 구분할 수 있다.

전자는 현실세계의 장치를 가상현실 시스템에 의해 제시하여 사용자가 장치를 조작하고 명령을 가하는 등 상호작용이 가능하다. 또한 로봇에 장착된 카메라를 보고 인간이 가기 힘들거나 물리적으로 떨어져 있는 장소를 탐사·관찰하는 원거리 로보틱스(tele-robotics)는 가상현실을 이용하여 공간을 공유하는 관점에서 원격현전((遠隔現前, tele-existence)이라 한다. 증강현실이나 혼합현실은 가상현실 시스템에 의해 표현된 현실의 대상물에 더 많은 정보를 제시하는 경우다.

가상현실 시스템을 구성하는 요소는 시스템을 개발하기 위한 가상현실 엔진, 입력 및 출력을 담당하는 인터페이스, 가상세계에 대한 다양한 콘텐츠를 저장하는 데이터베이스가 필요하다

사용자의 신체 움직임을 추적하여 그 정보를 가상세계에 반영하는 입력장치가 정확한 3차원 세계를 표현하기 위해서는 위치 정보(x, y, z)와 회전각 정보(roll, pitch, yaw)를 갖는 6자유도(自由度, DOF: degrees of freedom)가 필요하다.

사람의 자유도는 손가락과 발가락의 움직임을 제외하고 다른 움직임을 살펴보면 42정도 자유도를 갖는다. 이러한 사람의 움직임에 대한 위치를 추적하기 위한 가상현실 입력장치에는 다음과 같은 것들이 있다.

- 전자기를 이용한 추적 입력장치(Electromagnetic): 세 방향 자기장을 형성하는 트랜스미터와 위치를 표현하는 리시버(4개)로 구성
- 기계식 추적 입력장치(Mechanical): 기계식 관절 부위에 저항값이 변하는 장치
- 광학식 추적 입력장치(Optical): 빛을 반사하는 마커를 관절 부위에 부착하고 촬영
- 초음파를 이용한 추적 입력장치(Ultrasonic)
- 신경(근육)을 이용한 추적 입력장치(Neural/Muscular): 근육의 움직임을 감지
- 관성 추적기(Inertial)

가상현실 시스템 구축을 위한 그래픽 디스플레이로는 고정된 출력장치, 머리 장착형 출력장치, 손 장착형 출력장치 등이 있고, 사운드는 고정 형태의 소리 출력장치, 머리 장착형 소리 출력장치 등이 있다. 가상현실을 설명하는 데 필요한 요소는 상상에 의한 3차원의 공간성, 실시간의 상호작용성, 몰입 등이다. 3차원의 공간성이란 실제의 물리적인 공간과 유사한 경험을 할 수 있도록 가상공간을 만들어 3차원의 유사 공간으로 출력하여 사용자가 실시간으로 컴퓨터와의 상호작용을 통해 컴퓨터가 보여주는 가상현실 속에 깊이 빠져들 수 있는 상황을 필요로 한다.

사람의 눈동자는 6~6.5cm쯤 떨어져 있어 서로 차이 나는 2개의 이미

지가 만들어지고 대뇌에서 하나의 이미지로 합쳐지는 과정에서 이미지 간의 차이를 인식해 뇌는 거리와 방향 등을 파악해 입체감을 느끼게 된다.

VR의 기본 구조는 두 개의 렌즈와 스크린이 있다. 대부분 스마트폰 VR 환경의 SBS(side-by-side) 방식은 우리가 흔히 알고 있는 매직아이(stere photo) 사진과 같다.

Ⅰ VR 환경

동영상의 경우 자이로스코프에 의해 머리의 움직임을 감지하고, 움직임에 따라 해당 각도를 뿌려줘야 하므로 360도 동영상이 필요하다. 360도 동영상을 위해 보통 6대, 12대의 카메라를 연결하여 동시에 촬영하고 영상을 이어 붙이는 방식으로 360도 영상을 만든다.

눈동자의 입체성을 고려해 컴퓨터에 의해 변환시킨 영상을 자이로스코프가 잡은 머리의 움직임에 따라 왼쪽, 오른쪽 눈에 알맞은 영상을 뿌려, 우리의 뇌가 입체 영상으로 인식하게 된다.

## 가상현실의 현실화

그래픽 산업의 선두주자 존 페디(Jon Peddie) 박사는 가상현실을
정의하는 가장 핵심적인 요소를 사용자가 얻는 경험(human
experience), 몰입성(immersion), 현실감(presence)에 의해서 경
험이 얼마나 실재적인가(how real)로 보고, "가상현실은 누가, 무
엇을 위해, 어떻게 쓰느냐에 따라 다양하게 이해되고 정의된다"
고 했다.

초기에는 이반 서덜랜드(Ivan Sutherland)의 컴퓨터 그래픽과 천
정에 매달아 쓰는 사용자 인터페이스(HMD: head mounted
display)를 개발하고, 톰 퍼네스(Tom Furness)가 정보 집약적 전
투기 조종석을 개발함으로써 정보통합(integration) 기술의 시작
을 알렸다.

우리나라의 가상현실 5대 선도 프로젝트는 VR 서비스 플랫폼,
VR 게임 체험, VR 테마파크, 다면 상영, 교육 유통 사업이며, SBS,
롯데월드, CJ CGV, 한컴 등이 참여하여 초기 시장을 이끌어가고
있다.

서울 강남역 인근에 위치한 VR 플러스 쇼룸에 설치된 가상현실
기기는 오큘러스리프트 3대, HTC 바이브 2대, 삼성전자 기어 VR
5대와 LG전자 360VR 1대가 있다.

가상현실과 복합문화공간을 융합하는 새로운 문화의 형태로 시
작하고 있다.

# 객체지향
## 프로그래밍

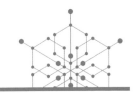

**정의** 　객체지향 프로그래밍(object-oriented programming)은 프로그램의 작은 문제들을 해결할 수 있는 객체들을 만든 뒤, 이 객체들의 상호작용으로 서술하는 방식으로 문제를 해결하는 상향식(bottom-up) 프로그램 작성 기법이다.

**해설** 　객체지향 프로그램은 문제 해결을 위해 실세계에 존재하는 정보나 상황을 소프트웨어로 모델링하는 것이다. 모델링 과정에서 전체 작업을 객체 위주의 작은 작업 단위로 나누어 이해하기 쉽고 구현하기가 용이하며 재사용을 가능하게 한다. 여기서 객체는 명확한 특성과 기능을 갖는 유무형의 사물로 실생활에 존재하는 모든 것을 의미한다.

자동차를 예로 든다면 차체, 운전대, 좌석, 바퀴 등을 객체가 갖는 상태 또는 특성이라 하고, 기어 변속, 전진, 후진, 경적, 정지 등을 객체의 기능 또는 행동이라 한다.

객체는 특성이나 상태(attribute)를 나타내기 위해 변수를 이용하고 이러한 특성이나 상태를 변화시키는 행동을 표현하기 위해 메서드(methods)를 사용한다.

클래스는 객체의 공통적인 속성과 메서드로 정의된 객체를 생산하는 틀을 말하고, 이때 생산된 객체를 인스턴트(instance)라 한다. 객체의 공통된 일부 속성 및 메서드에 의해서 클래스를 정의하기 때문에 더 많은 속성과 메서드를 갖는 객체는 인스턴트를 포함하는 개념으로 볼 수 있다.

메시지는 객체들 간의 상호작용에 필요한 메서드를 호출하는 방식으로 사용된다.

자동차는 사람의 팔 다리의 운동에 의해 핸들과 액셀러레이터를 조작하여 전진하게 된다. 자동차는 사람의 팔, 다리, 핸들, 액셀러레이터 등의 상태나 속성을 변화시켜 차가 움직이게 하는 행동을 한 것이다. '변수-차량조작', '메서드-전진한다'로 대응시킬 수 있다.

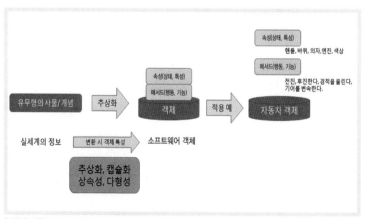

| 객체지향 프로그래밍

즉, 객체지향 프로그램은 실세계의 객체를 변수(특성이나 상태를 나타냄)와 메서드(특성이나 상태를 변화시키기 행동)로의 형태로 표현하고 이를 하나로 묶어 소프트웨어 객체로 구현한다. 그러나 실세계의 객체는 매우 복잡한 구조를 가지고 있어 소프트웨어 객체로 변환시 추상화, 캡슐화, 상속, 다형성의 특징을 가져야 한다.

- 추상화(abstraction): 실세계의 복잡한 상황에서 객체를 표현할 필요성이 있는 정보들만 간추려 간결하고 명확하게 단순화, 일반화, 개념화하여 모델링을 할 수 있게 하는 것으로 핵심 개념 또는 기능을 간추려내는 것을 말한다. 즉, 객체들의 공통적인 속성과 메서드를 담아내는 작업을 의미한다.

- 캡슐화(encapsulation): 객체가 갖는 속성은 외부에 숨기고, 다른 객체와의 관계에서 사용할 수 있도록 메서드는 공개하는 것을 말한다. 캡슐화의 목적은 내부의 원리를 몰라도 메서드를 통해 그 기능을 사용할 수 있게 해주고, 속성을 숨기기 때문에 정보 보호가 가능하고, 내부 속성의 변경이 다른 객체에 영향을 주지 않기 때문에 코드의 수정 없이 재활용이 가능한 특징이 있다.

- 상속성(inheritance): 상위 클래스의 속성과 메서드를 하위 클래스가 물려받는 것을 의미한다. 하위 클래스는 속성이나 행위를 다시 정의하지 않고 상속을 받아서 사용하거나, 새로운 속성과 메서드를 추가하여 새로운 클래스를 만들어 사용하므로 코드를 재사용하여 간결하게 프로그래밍할 수 있다. 또한 상위 클래스에서 내용을 수정하면 하위 클래스로 상속되기 때문에 프로그램의 수정 및 유지·보수를 쉽게 할 수 있다.

- 다형성(polymorphism): 다형성은 다양한 형태로 나타날 수 있

는 능력으로, 하나의 메서드가 클래스에 따라서 서로 다른 행동을 하게 되는 것을 말한다. 1,000원이라는 메서드는 1,000원 객체는 1장, 100원 객체는 10개로 반응하는 것과 같다.

생각.거리.

구조적 프로그래밍 기법과 객체지향 프로그램의 차이를 그림으로 살펴보면 다음과 같다.

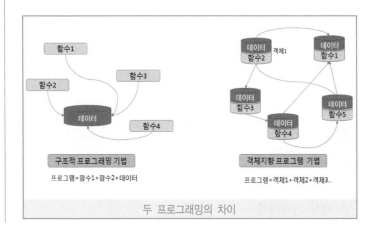

함수1

함수2　　　　함수3

데이터　　　　함수4

**구조적 프로그래밍 기법**

프로그램=함수1+함수2+데이터

데이터 함수2　객체1　　데이터 함수1

데이터 함수3　　　　데이터 함수5

데이터 함수4

**객체지향 프로그램 기법**

프로그램=객체1+객체2+객체3..

두 프로그래밍의 차이

# 구조적
# 프로그래밍

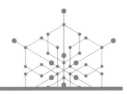

**정의** 구조적 프로그래밍(structured programming)은 프로그램의 제어 흐름을 단순화시키기 위해서 순차, 반복, 선택(조건분기) 구조의 세 가지 요소를 사용하여 문제를 해결하는 하향식 프로그램 작성 기법이다.

**해설** 구조적 프로그래밍 기법은 커다란 문제를 작은 문제로 나누어 해결하는 하향식 설계 방식이다. 즉, 메인 프로그램을 여러 개의 서브 프로그램으로 구성하는 방식으로, 서브 프로그램의 구조와 상호관계를 중시한다.

특징은 goto문 사용을 금지하고, 제한된 제어구조만을 이용하려 하나의 시작점과 종료점을 가진다. goto문의 사용금지 이유는 무조건분기문(goto문)에 의해 제어의 흐름을 예측하기 힘들어 프로그램을 이해하기 어려워지는 문제를 해결하기 위한 방편이다.

또한 순차(sequence)구조, 반복(repetition)구조, 선택(selection)구조

만을 사용하여 제어의 흐름을 단순화하고, 하나의 시작점과 종료점으로 구성하여 프로그램의 이해(가독성)를 쉽게 한다.

구조적 프로그래밍 기법의 기본 구조는 순차, 반복, 조건분기(선택) 구조이다. 순차구조는 분기 없이 정해진 일을 순서대로 처리하고, 반복구조는 조건을 확인하여 조건을 만족하는 동안에 특정 작업을 반복하는 것이다. 선택구조는 주어진 조건에 따라 각각 다른 일을 처리하는 것이다.

다음 그림은 학교에 등교하는 과정을 표현한 것으로 요일은 월=1, 화=2, 수=3……으로 배정하여 월요일(1)부터 금요일(5)까지 등교하는 것을 의미한다.

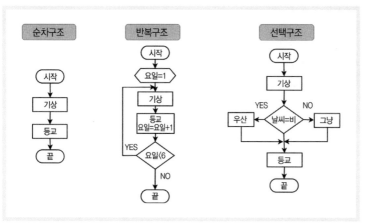

| 구조적 프로그래밍 기법의 기본 구조

이 가운데 주어진 조건에 따라 명령어를 선택적으로 처리하는 조건문과 조건을 만족, 불만족하는 동안 반복적인 동작을 하는 반복문의 경우는 조건의 만족 여부에 따라 프로그램의 흐름을 변경해야 하는데 이처럼 제어의 흐름을 바꾸는 명령문을 제어문이라고 한다.

제어문은 다음과 같은 명령이 사용된다.

| | | |
|---|---|---|
| **조건문** | if | if (조건)　참인 경우 실행할 문장1<br>　　else　거짓인 경우 실행할 문장2<br>주어진 조건 하나를 만족하는 경우(Yes),<br>　　　　　　　만족하지 않는 경우(No)<br>서로 다른 명령을 실행 |
| | switch ~<br>case | switch (조건)<br>　case 1　1번 조건 만족<br>　case 2　2번 조건 만족<br>　default　모든 조건 불일치<br>여러 개의 조건을 나열하고 각 조건을 만족하는 경우(Yes),<br>서로 다른 명령을 수행<br>default: 모든 조건을 만족하지 않을 때(No) 수행할 명령 |
| **반복문** | for | for(i=1, i<=10, ++i)<br>　I 값을 1부터 시작하여 1씩 증가시켜 10까지 반복하는<br>명령 |
| | while | 조건식을 검사하고 참인 동안 명령을 수행하는 구조<br>while (조건식) { 반복 명령 수행 } |
| | do ~ while | 반복 문장을 먼저 실행하고 조건식을 확인하는 구조<br>do ﹛ 반복 명령 수행 ﹜ while (조건식) |

구조적 프로그래밍은 프로그램을 프로시저 단위로 나누어 데이터와 프로그램 실행 절차를 분리하여 프로그래밍 절차에만 집중하게 되어 데이터의 관리에는 소홀한 점이 있다. 예를 들어 C언어에서 데이터를 처리하는 함수는 각기 다른 데이터를 사용하기 위해서 값을 주고 받는 파라미터가 필요하고 이를 Call-By-Reference라는 방법으로 구현하다보니 프로그램이 복잡해진다. 즉, 프로그램을 외관상으로 여러 개의 모듈로 나누어 구현하기 때문에, 어느 한 부분을 잘못 이해하면, 전체적인 프로그램의 이해가 잘못되는 단점이 있다

NS-차트(Nassi-Schneiderman chart)는 순서도의 화살표 및 각 표준 도형을 사용하지 않고 기본적인 3가지 구조로만 표현이 가능하여 전체적인 알고리즘을 표현하기가 용이하다. 구조적 프로그래밍 기법의 3가지 구조를 순서도의 또 다른 표현법인 NS-차트로 표현하면 다음과 같다.

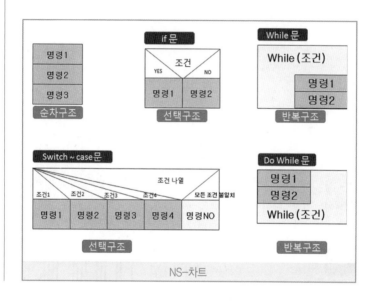

NS-차트

# 기수법과
# 진법 변환

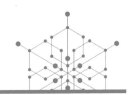

**정의** 숫자를 나타내기 위해 사용하는 다양한 기호들의 집합과 규칙을 의미한다.

**해설** 수를 시각적으로 나타내는 방법은 1에 대한 표기만 가지고 모든 수를 표현하는 단항기수법 - | || ||| |||| ||||| , 정수(10,100 등)들에 대한 표기를 가지는 명수법(고대 이집트 숫자, 로마숫자, 상형문자), 숫자의 위치에 따라 서로 다른 자릿값(계수)을 갖게 나타내는 위치값 기수법 등이 있다.

| 명수법을 나타내는 상형문자 |

| 값 | 1 | 10 | 100 | 1,000 | 10,000 | 100,000 | 100만, 또는 많다 |
|---|---|---|---|---|---|---|---|
| 상형문자 | \| | ∩ | ℓ | ⚱ | ∫ | 🐸 or | 👤 |
| 상형문자의 의미 | 한 줄 | 뒷굼치 뼈 | 밧줄 한 다발 | 님페아 수련 | 구부린 손가락 | 올챙이 또는 개구리 | 양팔을 든 사람 이집트 신 후흐로 추정됨 |

## ✅ 10진법

서로 다른 숫자(0~9) 10개를 사용하는 기수법으로, 이는 손가락의 개수가 10개이기 때문에 널리 사용된 것으로 추측한다.

10진법의 위치값 기수법은 2·3·4·5라는 숫자는 $(2 \times 10^3) + (3 \times 10^2) + (4 \times 10^1) + (5 \times 10^0)$로 표현할 수 있다. 위치값은 자릿값임을 알 수 있다. 10진수의 자릿값은 …… $10^3$ $10^2$ $10^1$ $10^0$ $10^{-1}$ $10^{-2}$ ……을 갖게 됨을 알 수 있다.

## ✅ 2진법

2진법의 사용은 인도의 학자 핀갈라가 시의 운율을 표현하고자 음절의 길고 짧음을 구분하기 위해 사용한 예를 들 수 있다. 2가지의 서로 다른 숫자를 0, 1을 사용하여 표시하는 숫자로 논리적인 부분을 수학적으로 표현하는 데 사용하고 있다.

2진수의 자릿값은 …… $2^3$ $2^2$ $2^1$ $2^0$ $2^{-1}$ $2^{-2}$ ……을 갖게 됨을 알 수 있다. 즉, 16 8 4 2 1 0.5 0.25 0.125 자릿값을 표시할 수 있다.

## ✅ 8집법

서로 다른 숫자(0~7) 8개의 숫자로 구성되며 자릿값은 8의 거듭제곱으로 표시할 수 있음을 10진법, 2진법으로 미루어 짐작할 수 있다.

## ✅ 16진법

서로 다른 숫자(0~9) 10개와 서로 다른 영문자(A, B, C, D, E, F) 6개로 구성되며, 자릿값은 16의 거듭제곱으로 표시할 수 있음을 10진법, 2진법으로 미루어 짐작할 수 있다.

## 실생활에서 진법이 사용된 예

*생.*
*각.*
*거.*
*리.*

우리가 사용하고 있는 요일(월~일)은 7진법, 시계는 60초/60분을 사용하므로 60진법, 하루 24시간은 24진법을 사용한 것이다. 서로 다른 숫자 또는 단위의 묶음에 의해 일정하게 변하는 경우다. 12개월을 1년으로 하는 것, 연필 1다스는 12개, 1피트(feet)는 12인치(inch), 1실링은 12펜스 등에서 12진법이 사용됨을 알 수 있다. 진법 변환 방법은 각 진법의 수들은 각각의 자릿값을 갖는 가중치 코드임을 활용한다(각 자릿값 활용).

### 10진수 41을 2진수로 변환하는 방법
1. 2진수의 자릿값에 해당하는 값을 기록
2. 가장 큰 자릿값이 10진수를 넘지 않게 기록

| 자릿값 | 32 | 16 | 8 | 4 | 2 | 1 |
|---|---|---|---|---|---|---|
| 2진수 | 1 | | 1 | | | 1 |

41 - 32=9, 9보다 작은 자릿값 선택 (8)

9 - 8=1 표시 나머지는 0

$41 = 101001_{(2)}$

### 2진수 1011 1010.101을 10진수로 변환하면

| 자릿값 | 128 | 64 | 32 | 16 | 8 | 4 | 2 | 1 | 0.5 | 0.25 | 0.125 |
|---|---|---|---|---|---|---|---|---|---|---|---|
| 2진수 | 1 | 0 | 1 | 1 | 1 | 0 | 1 | 0 | 1 | 0 | 1 |

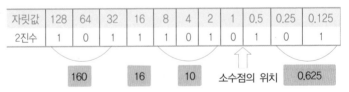

160    16    10    소수점의 위치    0.625

자릿값 중 2진수가 1로 표시된 것을 하나 건너 더하면 일의 자리가 0으로 떨어짐

█████ 의 값을 모두 더하면 186.625로 변환할 수 있다.

8진법과 16진법으로의 변환

진법 변환은 기본으로 2진수로 바꾸어놓고 시작한다.

$8^1 = 2^3$ : 8진수 1자리는 2진수 3자리와 같다.

$16^1 = 2^4$ : 16진수 1자리는 2진수 4자리와 같다.

| 숫자 | F | | | | A | | | | 7 | | | 3 | | |
|---|---|---|---|---|---|---|---|---|---|---|---|---|---|---|
| 자릿값 | 8 | 4 | 2 | 1 | 8 | 4 | 2 | 1 | 4 | 2 | 1 | 4 | 2 | 1 |
| 2진수 | 1 | 1 | 1 | 1 | 1 | 0 | 1 | 0 | 1 | 1 | 1 | | 1 | 1 |
| 진법 | 16진법의 변환 예 | | | | | | | | 8진법의 변환 예 | | | | | |

8진수나 16진수는 각각의 자리를 2진수의 자리수로 표시하고 변환해주면 된다.

8진수 543을 2진수로 변환하면 ⇨ 101100011

1. 8진수 각각의 자리가 2진수 3자리이므로 9칸

| 5 | | | 4 | | | 3 | | |
|---|---|---|---|---|---|---|---|---|
| 4 | 2 | 1 | 4 | 2 | 1 | 4 | 2 | 1 |
| 1 | 0 | 1 | 1 | 0 | 0 | 0 | 1 | 1 |

각각의 자리를 2진수로 변환

16진수 F9A을 2진수로 변환하면 ⇨ 1111 1001 1010

1. 16진수 각각의 자리가 2진수 4자리이므로 12칸

| F | | | | 9 | | | | A | | | |
|---|---|---|---|---|---|---|---|---|---|---|---|
| 8 | 4 | 2 | 1 | 8 | 4 | 2 | 1 | 8 | 4 | 2 | 1 |
| 1 | 1 | 1 | 1 | 1 | 0 | 0 | 1 | 1 | 0 | 1 | 0 |

각각의 자리를 2진수로 변환

# 네트워크 보안

**정의** 네트워크 보안(network security)은 인터넷과 같은 공용 네트워크를 이용하여 허가 되지 않은 네트워크에 접속하거나, 네트워크에서 이용 가능한 자원에 접근하려 할 때, 외부 침입자로부터 조직의 자산 가치와 정보를 보호하고 불법적인 서비스 이용을 방지하기 위해 시도하는 활동을 말한다.

**해설** 네트워크는 데이터를 전송하는 통신회선으로 연결되어 있는 일련의 장치들의 집합으로, 다양한 하드웨어와 많은 정보를 포함하고 있어 네트워크 보안의 필요성이 강조되고 있다.

네트워크 보안은 개방화된 정보 시스템의 사용자 증가 및 빠른 정보 교환에 의한 해커들의 기술 발달과 인터넷 사용의 급격한 증가로 인한 개인정보 보호 차원, 해킹 사고의 증가, 개인용 컴퓨터의 좀비 PC로 전환 증가 등으로 인해 필요성이 대두되고 있다.

네트워크를 위협하는 외부의 침입 형태는 e-메일 첨부 파일을 통한 악성 코드 유포, 스파이웨어 설치, 인터넷 피싱 등에 의한 해킹, 바이러스 배포, 트로이 목마 프로그램, 반달(vandal, 파괴를 일으키는 소프트웨어), 정찰 공격, 액세스 공격, 서비스 거부공격 등이 있다. 네트워크 보안을 위협하는 유형은 다음과 같이 인증 위협, 기밀성 위협, 무결성 위협, 신뢰성 위협 등으로 구분할 수 있다.

- 인증 위협(전송 차단): 송신측의 정보가 수신측에 도달하지 못하도록 차단하여 시스템의 서비스를 이용할 수 없게 하는 것.

- 기밀성 위협(가로채기): 송·수신측 사이에서 허가받지 않은 제3자가 전송 정보를 가로채서 정보를 유출하는 것.

- 무결성 위협(수정): 송·수신측 사이에서 허가받지 않은 제3자가 전송 정보를 가로채 수정하여 수신측에 전송하는 것으로, 정보가 허가된 사람들에게만 전달되고, 그들에 의해서만 수정될 수 있음을 보장하는 무결성에 위배되는 것.

- 신뢰성 위협(위조): 제3자가 불법적으로 시스템에 접근하여 송신측에서 전송한 것처럼 위조하여 수신측에 거짓 정보를 전송함으로써 발생하는 것.

네트워크에서 정보를 보호하기 위한 방법은 구축된 네트워크의 환경에 따라 다양한 방법을 적용한다.

- 바이러스 백신 소프트웨어: 정기적인 업데이트 및 주기적인 검사

- 전자인증 서비스: 인터넷 사이트에서 사용자의 신원을 확인하고 문서의 위변조를 방지하기 위해 공인인증기관(은행, 한국정보인증 등)에서 발급받은 공인인증서 활용

- 아이디/패스워드: 비밀번호는 허가된 사용자임을 식별하기 위한 단순하고 일반적인 보안 기술로 다른 사람이 유추하기 힘든 문자열로 영숫자, 특수문자 등을 혼용하여 정하고 주기적으로 변경.

- 스파이웨어 설치 차단: 광고나 마케팅을 목적으로 무료로 배포하는 소프트웨어와 함께 사용자의 동의 없이 설치되어 컴퓨터의 속도 저하, 정보를 외부로 발송하는 것으로 전용 프로그램을 구입하여 사용하거나 무료로 제공하는 소프트웨어 설치에 주의.

- 방화벽 설치: 외부 네트워크(인터넷)와 내부 네트워크 사이에서 외부의 불법적인 접근을 막고 허가된 사용자 접근만 진입을 허용하는 시스템을 설치하여 불법적인 접근을 차단.

- 정보 암호화: 송신자가 정보를 암호화하여 수신자에게 보내는 방식을 사용하여 전달 과정에서 제3자가 정보를 획득하더라도 그 내용을 알 수 없도록 하기 위해 사용.

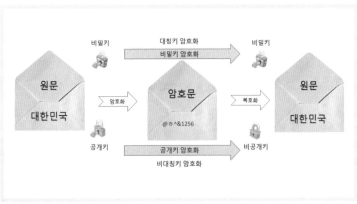

| 정보의 암호화와 복호화

원문을 암호문으로 만드는 암호화 작업과 암호문을 원문으로 만드는 복호화 작업이 필요하다. 암호화와 복호화에 어떤 키를 사용했는지에 따라 대칭암호화(비밀 키 암호화)와 비대칭암호화(공개 키 암호화)로 구분한다.

대칭암호화 방법은 비밀 키를 수신자에게 전달해야 하기 때문에 제3자에 의해 해독될 수 있는 단점이 있는 대신 암호화·복호화가 빠르다. 반면 비대칭암호화 방법은 암호문을 만들 때는 공개 키를 사용하고 해독할 때는 수신측이 가지고 있는 개인 키를 사용하여 복호화가 가능하다.

생각.
거리.

## 사이버 테러

우리나라 최초의 사이버 테러는 2004년 6월 국방연구기관의 직원 이메일을 통해 악성 코드가 실행되어 국회, 국방연구원, 국방과학연구소, 공군대학, 원자력연구소 등 10개 공공기관에서 컴퓨터 200여 대와 민간 컴퓨터 80여 대가 해킹당해 국가기밀 사항이 유출된 주요 국가기관 해킹 사건이다.

이후 2009년 7월 7일 발생한 DDoS(distributed denial of service, 분산 서비스 거부) 공격은 정부기관, 은행, 포털, 언론, 쇼핑몰 등 26개 주요 인터넷 사이트를 서비스 불능 상태로 만들어 다른 사용자가 인터넷 사이트에 접속하지 못하도록 만든 사이버 테러 사건이다. DDoS 공격은 C&C(command & control) 서버에서 직접 명령을 받아 공격하는 기존 공격 방식과 다르게 악성 코드에 타이머와 공격 명령을 탑재해 감염된 여러 대의 PC가 한꺼번에 특정 사이트에 접속해 트래픽 과부하를 일으키는 지능적인 사이버 공격이었다. 또한 악성 코드에 감염된 좀비 PC들은 악성 코드에 포함된 자기 파괴 기능에 의해 2009년 7월 10일 0시에 하드디스크의 데이터가 손상되는 피해를 입었다.

사고 발생 직후 행정안전부는 200억 원의 예산을 긴급 편성해 범정부 DDoS 공격 대응체계를 구축하여 2011년 발생한 3.4 DDoS 공격을 무난히 막아냈다.

# 논리 게이트

**정의** 디지털 회로를 구성하는 기본적인 요소로 0, 1의 입력을 받아 0 또는 1로 출력하는 소자로 AND, OR, NOT, XOR, NAND, NOR 등이 있다. 입력 전압의 상태에 따라서 2~5V까지를 1(참)로 0~0.8V까지를 0(거짓)으로 나타낸다. 출력은 0~0.5V를 low로, 2.7~5V를 high로 규정하고 있다.

**해설** 진리표는 입력 변수와 출력의 관계를 나타낸 표(입력의 모든 경우를 나열하고 출력을 표시한 표)이고, 논리식은 입력과 출력의 관계를 나타낸 식(출력이 1이 나올 수 있는 경우의 입력 조합을 나타낸 식)이다.

### ✅ AND 게이트
논리곱, $A \cdot B$,
입력을 둘 다 만족(1)하는 경우에 출력이 1

논리식 Y = A·B는

A
B ──⊃D── Y

| 출력변수 | 입력변수 | 게이트 | 입력변수 |
|---|---|---|---|
| Y | A | 논리곱 | B |
| Y 변수의 값은 =1 | A 변수의 값은 =1 | 그리고 | B 변수의 값은 =1 |
| Y 출력이 1이 되려면 | 입력 A=1 | 그리고 | 입력 B=1 |
| "그리고"는 두 입력변수가 동시에 1인 경우에 출력이 1이 나온다는 의미 | | | |

진리표는 입력변수가 2개 가질 수 있는 값이 0 또는 1이므로

입력변수가 나타낼 수 있는 경우의 수는 $2^{2} <-$ 변수의 갯수 = 4가지

10진수로 표시하면 0, 1, 2, 3

| 10진수 | 입력 | | 출력 |
|---|---|---|---|
| | A | B | Y |
| 0 | 0 | 0 | 0 |
| 1 | 0 | 1 | 0 |
| 2 | 1 | 0 | 0 |
| 3 | 1 | 1 | 1 |

A,B 입력이 동시에 1인 경우에 출력 1

✅ OR 게이트

논리합, A+B,

입력 중 둘 중에 하나만 만족(1)하는 경우에 출력이 1

논리식 Y = A + B는

⊃D
OR

| 출력변수 | 입력변수 | 게이트 | 입력변수 |
|---|---|---|---|
| Y | A | 논리합 | B |
| Y 변수의 값은 =1 | A 변수의 값은 =1 | 또는 | B 변수의 값은 =1 |
| Y 출력이 1이 되려면 | 입력 A=1 | 또는 | 입력 B=1 |
| "또는"은 두 입력변수 중 하나가 1인 경우에 출력이 1이 나온다는 의미 | | | |

진리표는 입력변수가 2개 가질 수 있는 값이 0또는 1이므로

입력변수가 나타낼 수 있는 경우의 수는 $2^{2}$ <-변수의갯수 = 4가지

10진수로 표시하면 0, 1, 2, 3

| 10진수 | 입력 | | 출력 |
|---|---|---|---|
| | A | B | Y |
| 0 | 0 | 0 | 0 |
| 1 | 0 | 1 | 0 |
| 2 | 1 | 0 | 0 |
| 3 | 1 | 1 | 1 |

A 입력이 1인 경우(10진수로 2, 3)와 B 입력이 1인 경우(10진수로 1, 3)에 출력 Y가 1이 됨

### ✅ XOR 게이트(Exclusive OR)

배타적 논리합, A ⊕ B,

논리식 Y = A ⊕ B는

배타적(Exclusive)이란 출입을 거부하고 독점하려는 의미이므로 OR 게이트 기호(+)에 울타리를 두른 형태 ⊕로 표시한다.

OR 게이트 기호는  이고 독점, 배타, 출입거부를 하기

위해서는 입력으로 들어오는 A, B를 막기 위해 울타리를 세우면

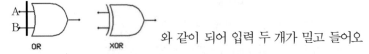

와 같이 되어 입력 두 개가 밀고 들어오

면 출력 Y는 두 입력 중 하나만 잡을 수 있다.

즉, Y 출력은 A를 잡고 B는 보내기 또는 A는 보내고 B를 잡기를 할 수 있다.

$$Y = A \oplus B = \overline{A} \cdot B + A \cdot \overline{B}$$

| 출력변수 | 입력변수 | 게이트 | 입력변수 |
|---|---|---|---|
| Y | $\overline{A} \cdot B$ | 논리합 | $A \cdot \overline{B}$ |
| Y 변수의 값은 =1 | A 변수의 값은 =0<br>B 변수의 값은 =1 | 또는 | A 변수의 값은 =1<br>B 변수의 값은 =0 |
| Y 출력이 1이 되려면 | 입력 A=0, B=1 | 또는 | 입력 A=1, B=0 |
| 두 입력변수의 값이 다를 때 출력이 1이 나온다는 의미 | | | |

진리표는 입력변수가 2개 가질 수 있는 값이 0 또는 1이므로
입력변수가 나타낼 수 있는 경우의 수는 $2^{2 \, \leftarrow \, 변수의갯수}$ = 4가지

10진수로 표시하면 0, 1, 2, 3

| 10진수 | 최소항 | 입력 | | 출력 |
|---|---|---|---|---|
| | | A | B | Y |
| 0 | $\overline{A} \cdot \overline{B}$ | 0 | 0 | 0 |
| 1 | $\overline{A} \cdot B$ | 0 | 1 | 0 |
| 2 | $A \cdot \overline{B}$ | 1 | 0 | 0 |
| 3 | $A \cdot B$ | 1 | 1 | 1 |

A 입력과 B 입력이 서로 다른 경우에 (10진수로 1, 2)인 경우에 출력 Y가 1이 됨

최소 항은 논리식에서 양 논리를 적용하는 경우, 즉 1(참)을 중심으로
해석하는 경우에 사용 변수의 표현법을 의미한다.

  A = 변수의 값이 1임을 나타낸다.

  $\overline{A}$ = 변수의 값이 0임을 나타낸다.

다양한 입력 변수 중 A=1, B=0인 경우를 표현하면 A=1 그리고 B=0,
즉 $A \cdot \overline{B}$와 같이 표현할 수 있다.

최소항은 양 논리, 최대항은 음 논리를 중심으로 해석하기 때문에

두 방법은 서로 부정의 관계를 가진다.

$\overline{\text{최대항}} = \text{최소항}$   $\overline{\text{최소항}} = \text{최대항}$

✅ NOR 게이트(NOT OR)

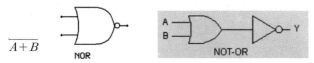

$\overline{A+B}$     NOR     NOT-OR

OR 게이트 출력을 NOT 게이트를 사용해서 뒤집어주는 게이트다.

| 10진수 | 입력 | | OR | NOR |
| --- | --- | --- | --- | --- |
| | A | B | Y | NOT |
| 0 | 0 | 0 | 0 | 1 |
| 1 | 0 | 1 | 1 | 0 |
| 2 | 1 | 0 | 1 | 0 |
| 3 | 1 | 1 | 1 | 0 |

Y= $\overline{A+B}$ = $\overline{A} \cdot \overline{B}$

# 데이터 통신
## (통신망 구성)

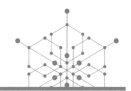

**정의**　데이터 통신(data communication, 통신망 구성)은 네트워크 상에서 송수신자가 메시지(정보)를 주고받는 것을 말한다.

**해설**　네트워크(network)는 net+work로, 그물처럼 여러 개체가 연결되어 정보를 주고받는 경로를 의미한다. 지리적으로 떨어져 있는 몇 개의 독립적인 장치(컴퓨터, 프린터, 라우터, 스위치, 스마트폰 등)가 유·무선 전송 매체를 통해 서로 통신할 수 있도록 지원해주는 연결망으로 컴퓨터 상호간의 정보 교환과 정보 처리를 위한 데이터 통신망을 의미한다.

| 데이터 통신망

## ✅ 데이터 통신망의 구성 요소

- 송신자: 정보(메시지)를 보내는 장치(컴퓨터, 전화기, 비디오카메라 등)

- 메시지: 통신의 대상이 되는 정보(데이터), 아날로그와 디지털 데이터로 구분

- 전송매체: 메시지가 이동하는 물리적인 경로

  [유선] 꼬임선(UTP: unshielded twisted pair cable, 차폐하지 않은 꼬임선), 동축케이블, 광케이블,

  [무선] 라디오파, 마이크로파, 위성마이크로파 등

- 접속매체: 디지털 데이터 전송에 사용되는 허브, 브리지, 리피터, 게이트웨이, 라우터 등이 있다.

  - 스위칭 허브: 여러 대의 컴퓨터(단말)를 동일한 대역폭으로 연결

  - 브리지: LAN을 확장, 여러 개의 근거리통신망을 연결하여 데이터 전송

  - 리피터: 동일한 통신망에서 전송 거리를 연장하기 위해 패킷을 복제 전달

  - 라우터: 서로 독립된 네트워크들을 연결시켜주는 장치로 인터넷(WAN) 구간에서 경로를 설정하고(routing) 패킷을 전송하는(forwarding) 기능을 함

  - 게이트웨이: 서로 다른 프로토콜을 사용하는 네트워크 사이에서 프로토콜 변환 기능을 수행하는 장치로, 다른 네트워크에서 드나드는 관문에 해당함

- 수신자: 메시지를 수신하는 장치

- 프로토콜: 데이터 통신을 하는 데 필요한 규칙(약속)의 집합. 송수신에 참여하는 기기들이 서로 다른 구조의 네트워크에서 원활하게 통신할 수 있도록 미리 약속해둔 통신 절차나 규칙을 말한다.

## ✅ 정보 전송 방식에 따른 분류

- 단일(simplex) 방식(단방향 통신): 라디오나 TV처럼 데이터를 한쪽 방향으로만 전송할 수 있는 방식
- 반이중(half duplex) 방식: 무전기와 같이 양방향으로 전송할 수 있으나 동시에 양방향으로 데이터를 전송할 수는 없는 방식

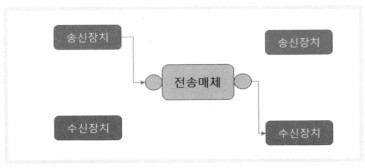

| 반이중 방식

- 전이중(full duplex) 방식(양방향 통신): 전화기와 같이 데이터를 양방향으로 동시에 전송할 수 있어 고속 처리에 적합

## ✅ 네트워크 토폴로지(network topology)

통신망의 구조는 여러 개의 노드(node, 네트워크에 연결되어 있는 주소를 가진 통신장치)가 상호 연결되는 접속 형태(링크)를 논리적으로 구분하는 것으로 성형, 트리형, 버스형, 링형, 그물형 등으로 구분한다.

- 성(star)형: 중앙의 허브와 노드를 1:1로 직접 연결, 중앙의 메인 프레임에 모든 노드(터미널)를 연결한 상태
- 트리(tree)형: 성형의 변형, 트리 형태로 중간에 전송 제어 장치를 두어 노드를 확장 분산 처리하는 시스템이 가능한 형태.

- 버스(bus)형: 하나의 통신회선에 노드가 연결된 형태. 케이블의 시작과 끝에는 터미네이터(종단기) 연결
- 링(ring) 형: 노드들을 차례로 연결하여 원 형태로 연결. 버스형의 시작 노드와 끝 노드를 연결한 형태
- 그물(mesh)형: 모든 노드를 그물처럼 서로 연결한 형태

인터넷을 통한 데이터 통신에서 전송하고자 하는 메시지(데이터)를 일정한 크기로 자른 패킷에 헤더와 트레일러를 붙인다. 헤더에는 패킷의 주소(송수신 주소), 서비스 타입(TOS: type of service), 패킷 분할에 관한 정보(Flags), 패킷의 수명(TTL: time to live)을 나타내는 등 주요 제어 정보를 포함한다. 패킷 후미에는 패킷 에러 검출을 위한 트레일러를 붙인다.

즉, 패킷이란 데이터의 묶음 단위로 한 번에 전송할 데이터의 크기를 나타내고 패킷(제3계층) 또는 프레임(제2계층)이라 불린다.

데이터 통신 시 데이터를 한꺼번에 보내지 않고 패킷 단위로 잘라서 보내는 이유는 인터넷상에는 수없이 많은 장치들이 연결되어 있고 동시 다발적으로 데이터를 송수신하는 데 커다란 크기의 데이터를 한 번에 주고 받는다면 송수신에 참여한 두 대의 컴퓨터는 전송이 완료될 때까지 기다려야 한다. 또한 데이터 전송 시 에러가 발생하면 커다란 데이터를 처음부터 끝까지 다시 전송해야 하는 문제가 발생한다. 이러한 문제들을 해결하기 위해 데이터를 패킷 단위로 나누어 전송하는 것이다.

## 데이터 통신의 역사

1844년 모스(Morse)가 모스 부호를 고안하여 워싱턴과 볼티모어 사이의 전신(전기 신호를 이용하여 송신할 내용을 보내는 통신) 연락에 사용했다. 이후 1876년 벨(Bell)이 전화(음성통신)를 발명했다.

1958년 정보통신 시스템의 모체(세계 최초의 데이터 통신)가 된 미 공군의 반자동 방공 시스템(SAGE)이 개발되었고, 1960년대 미 항공사와 IBM의 SABRE 시스템이 세계 최초의 상업용 데이터 통신이다.

1970년대 최초의 패킷 교환망인 ARPA Net은 미 국방성의 컴퓨터 네트워크로 인터넷의 모체가 되었다.

패킷 서비스를 실시하면서 1977년에 다른 기종 간의 통신을 지원하는 ISO에서 OSI 7계층 참조 모델을 개발했고, 1980년대 이후 인터넷이 웹 서비스(멀티미디어 서비스)가 가능해져 매우 빠른 발전을 거듭하고 있다.

☞ 모스 부호: 짧은 발신 전류(·)와 긴 발신 전류(-)을 적절히 조합하여 문자를 표기한 것으로는 3단점(문자와 기호 사이), 5단점(글자와 글자 사이-한글), 7단점(낱말 단위-영어) 길이의 간격을 둔다. 자주 사용하는 영어(e), 한글(ㅏ)을 가장 짧은 부호(.)로 정해 타전하기 편하도록 할당한 것이다.

■ UTP 케이블(unshielded twisted pair cable)
컴퓨터 통신에 사용하는, 차폐되지 않은 꼬임선으로 LAN 선이라 부른다. LAN 선은 크로스 케이블(허브 대 허브 연결)과 다이렉트 케이블(허브와 컴퓨터 연결)로 나눈다.

다이렉트 케이블은 UTP의 피복을 벗기면 2개씩(원색, 줄무늬) 꼬인 선이 4개, 즉 8가닥의 선이 보인다.

EIA 568B 타입 (다이렉트 케이블)

케이블 탈피 후 크레파스 색깔 순서를
생각하며 나열
1. 오렌지 녹색 파랑 갈색 순서로 정리

2. 정리된 선을 줄무늬, 원색 순으로
꼬인선을 풀어 줌
3. 녹색과 파랑색의 자리를 서로 바꾸어 줌

4. RJ45 잭의 꼭지를 아래로 가게 하여 줄무늬
오렌지색이 좌측으로 오게 하여 랜툴로
집어준다

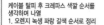

LAN 선

선의 배열 순서는 크레파스의 색 순서를 생각하면서 주황색부터 갈색 순으로 나열하고 줄무늬, 원색의 순서를 지켜서 8가닥의 선을 펴준다

주황색(줄무늬, 원색), 녹색(줄무늬, 원색), 파랑(줄무늬, 원색), 갈색(줄무늬, 원색) 상태에서 녹색과 파랑색의 자리를 바꾸어 연결하면 주황색(줄무늬, 원색), 녹색 줄무늬, **파랑 원색**, 파랑 줄무늬, **녹색 원색**, 갈색(줄무늬, 원색)

EIA 568B 타입 --------------- EIA 568B 타입(다이렉트 케이블)

크로스 케이블은 다이렉트 케이블 순서로 하나를 완성하고 나머지 하나의 배선 순서를 주황색(줄무늬, 원색), 녹색 줄무늬, **파랑 원색,** 파랑 줄무늬, **녹색 원색**, 갈색(줄무늬, 원색) 상태에서 녹색 줄무늬 → 주황색 줄무늬, 녹색 원색 → 주황색 원색과 자리를 바꾸면

$$3 \rightarrow 1 \qquad\qquad 6 - 2$$

크로스 케이블이 완성 된다.

EIA 568B 타입 --------------- EIA 568A 타입(크로스 케이블)

# 디지털

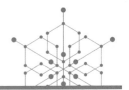

**정의** 디지털(digital)은 불연속적인 값(이산적인 데이터, 숫자)으로 표현하는데, "불연속적"이란 0, 1, 2와 같이 0과 1 사이의 나머지 값(0.1, 0.2, ……)들을 표시하지 않고 0 다음에 1로 건너뛰는 것을 말하고 숫자로 표현되는 것을 말한다.

**해설** 디지트(digit)는 사람의 손가락이나 동물의 발가락이라는 의미에서 유래한 말로 "셀 수 있다"는 뜻이다.

디지털 데이터의 특징은 숫자와 같은 값으로 표시되기 때문에 정확하고, 2진수의 형태로 저장하기 때문에 원본과 100% 동일한 복제가 가능하고, 전송 시 신호를 증폭하지 않고 리피터(repeater)로 정보를 다시 읽어서 원래 정보로 만들어 보내기 때문에 상대적으로 아날로그보다 잡음에 강하다. 하지만 아날로그 신호의 미묘한 특성을 100% 표현하지 못하기 때문에 음악을 좋아하는 사람들은 mp3 플레이어, cd 플레이어보다 고전적인 방식의 앰프를 선호한다.

디지털 신호는 0(off)과 1(on)의 두 가지를 사용하는 2진법으로
표현한다.

bit(binary digit)는 2진수의 각 자리(한 자리)를 의미하고 정보의
양을 나타내는 기억용량의 기본 단위다. 비트의 묶음에 따라 다
음과 같이 표현한다.

| 단 위 | 활 용 | |
|---|---|---|
| 비트 | bit= Binary digit의 약자, 데이터 구성의 최소 단위<br>0 또는 1로 이루어짐 | |
| 니블 | 4비트 | |
| 바이트 | 8비트, $2^8 = 256$가지 경우 | 영문자, 숫자 표현 |
| 워드 | 2바이트, $2^{16} = 2^{10} \times 2^6 = 1024 \times 64$ | 한글 표현 |
| 더블워드 | 4바이트, 쿼드워드(8바이트) | |

정보의 표현 방법은 2비트, 즉 2진수의 두 자리로 나타낼 수 있는
경우의 수는 00, 01, 10, 11과 같이 4가지를 표현할 수 있고, 10진
수로는 0, 1, 2, 3으로 3까지의 수를 표현할 수 있다.

n 비트를 나타낼 수 있는 경우의 수는 $2^n$이고, 최대 숫자는 0부터
시작하기 때문에 $2^n - 1$로 표현할 수 있다.

## ■ 10진수와 2진수의 접두어 비교

| 10진수 | 접두어 | 2진수 | 10진수=2진수 | 용도 |
|---|---|---|---|---|
| $10^{24}$ | 요타(yotta)Y | $2^{80}$ | | |
| $10^{21}$ | 제타(zetta) Z | $2^{70}$ | | |
| $10^{18}$ | 엑사(exa) E | $2^{60}$ | | |
| $10^{15}$ | 페타(peta) P | $2^{50}$ | | |
| $10^{12}$ | 테라(tera) T | $2^{40}$ | | 기억장치 용량 |
| $10^{9}$ | 기가(giga) G | $2^{30}$ | 1000000000=1073741824 | |
| $10^{6}$ | 메가(mega) M | $2^{20}$ | 1000000=1048576 | |
| $10^{3}$ | 킬로(kilo) k | $2^{10}$ | 1000=1024 | |
| $10^{2}$ | 헥토(hecto) h | | | |
| 10 | 데카(deca) da | | | |
| $10^{0}$ | 1 | $2^{0}$ | | |
| $10^{-1}$ | 데시(deci) d | | | |
| $10^{-2}$ | 센티(centi) c | | | |
| $10^{-3}$ | 밀리(milli) m | | | |
| $10^{-6}$ | 마이크로(micro) μ | | | |
| $10^{-9}$ | 나노(nano) n | | | |
| $10^{-12}$ | 피코(pico) p | | | 시간 |
| $10^{-15}$ | 펨토(femto) f | | | |
| $10^{-18}$ | 아토(atto) a | | | |
| $10^{-21}$ | 젭토(zepto) z | | | |
| $10^{-24}$ | 욕토(yocto) y | | | |

# 무선식별 시스템

**정의** 무선식별 시스템(RFID: Radio-Frequency Identification)은 안테나와 전자 태그의 무선 주파수를 이용해 비접촉 상태에서 ID(정보)를 식별하는 시스템이다.

**해설** RFID는 반도체 칩과 주변에 안테나를 결합한 태그(RFID Tag), 태그와 통신하기 위한 안테나와 RFID 리더(Reader), 그리고 이러한 시스템을 제어하고 수신된 데이터를 처리하는 서버(Server)로 구성하고, 사용하는 주파수에 따라 저주파, 고주파, 극초단파, 마이크로파로 나눌 수 있다.

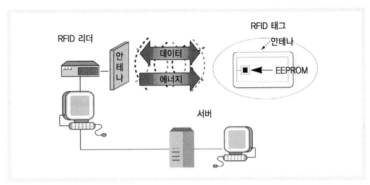
| RFID 시스템 구성

저주파(12.5, 13.4KHz) 대역은 인식 속도가 느리고 짧은 거리(60cm 이내)에서 동작하지만 환경의 영향을 적게 받으며, 사용하는 태그는 패러데이(Faraday)의 자기유도원리로 동작하는 니어필드(Near-field) RFID 방식으로 사용하기 쉬운 형태로 이미 표준화가 잘 이루어져 있지만 주파수 또는 통신 속도가 증가하면 작동거리가 짧아지는 단점이 있다.

고주파(13.56MHz)에 가까울수록 그 반대의 특성을 갖고 태그는 전자기파 에너지를 사용하는 파필드(Far-field) RFID 방식을 사용하기 때문에 태그 ID가 크고 한 장소에서 많은 수의 태그를 읽어야 하는 경우에 유용하다.

RFID의 동작 원리는 안테나와 집적회로로 구성된 태그의 집적회로 안에 정보를 기록하고 안테나를 통해 판독기에게 정보를 송신한다. 이 정보는 태그가 부착된 대상을 식별하는 데 이용된다.

❶ 리더기/판독기를 통해 태그의 메모리에 정보 저장(암호화된 방식)
❷ 안테나 전파 영역 내에 태그 진입
❸ 태그의 칩에 전원 공급(수동형 RFID 태그의 경우)

④ 태그의 메모리에 저장된 정보를 리더기에 전송
⑤ 리더기는 정보처리 시스템(computer)에 전달

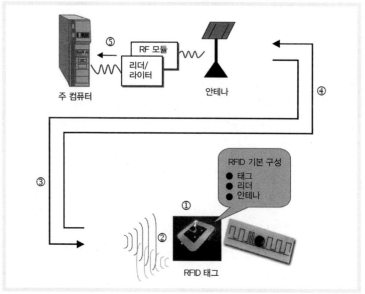

| RFID 동작 원리

수동형 RFID의 동작 원리는 판독기의 안테나(Reader)에서 지속적으로 전파를 발산하고 있고, ID와 데이터가 저장된 태그가 리더기의 전파 안에 들어가면 태그가 가진 정보를 리더기에 전송하고 리더기는 데이터 신호를 변환하여 컴퓨터로 보내 태그의 정보를 판독한다.

### ✅ RFID 태그 분류

#### ■ 수동형(passive) RFID
판독기의 동력으로 칩의 정보를 읽고 통신하는 것으로 인식 거리가 3m로 짧고 주변 환경에 영향을 많이 받는다.

■ 반수동형(semi-passive) RFID

태그에 건전지가 내장되어 있지만 리더기로부터 동작 명령을 받았을
때만 칩의 정보를 읽는 데 건전지를 사용하고, 통신에는 판독기의
동력을 사용한다.

■ 능동형(active) RFID

칩의 정보를 읽고 통신하는 데 모두 태그의 동력을 사용하고 통신에
사용하는 주파수에 따라 LFID(Low-Frequency IDentification), HFID
(High-Frequency IDentification)로 구분하기도 한다. 자체 전원을 사
용하여 아주 먼 거리에서도 인식이 가능하고 환경의 영향을 적게 받
는다.

*생.
각.
거.
리.*

교통카드의 원리는 마이클 페러데이가 1831년에 발견한 법칙인
자기장이 변화하면 코일 주변에 다른 코일을 가져가도 유도전류
가 생기는 전자기 유도법칙을 이용한다.

교통카드 단말기는 교통카드와 마찬가지로 칩셋과 큰 원형도선
을 갖고 있다. 단말기의 원형도선에 교류를 공급하면 단말기의
원형 코일에 자기장이 형성되고, 이때 교통카드를 접근시키면 전
자기 유도현상에 의해 카드에 전류가 유도되어 카드 내의 칩이
활성화되면서 정보를 기록하고 단말기 쪽으로 정보를 전달한다.
반도체 칩은 교통카드에 유도된 전류를 사용하여 입력되어 있는
정보대로 전기를 통과시켰다가 차단시켰다가를 반복하며 정보를
확인할 때 저항이나 전류 또는 전압을 토대로 요금을 계산한다.

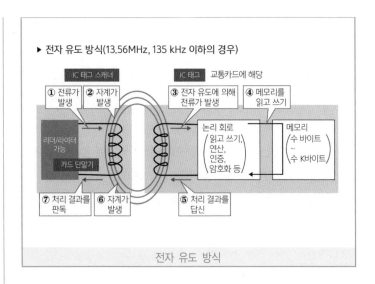

전자 유도 방식

전파를 이용하여 정보를 읽어내는 유사한 기술은 1939년 제1차
세계대전 당시 영국에서 비행기에 부착해 적과 아군을 식별하기
위해 처음 사용되었다.

레이더 IFF(Identification of Friend or Foe)에서 질문 신호를 보
내고 비행기에서 답 신호가 오면 아군기로 판단하는 것이다. 레
이더가 "뭐 먹고 싶어?"라고 질문하고 비행기는 "불고기!"라고 답
변한다. 즉, 전파로 질문 신호를 보내면 그 전파를 감지한 아군
비행기에서 자동으로 응답 신호를 보내 아군임을 알게 해주는 원
리다.

■ RFID와 IFF의 차이점
 · IFF = 전파를 통한 식별
 · RFID = 전파를 통한 식별+정보 제공

1973년 마리오 카둘로가 특허를 취득한 장비는 메모리를 갖추고

전파로 통신하는 진정한 최초의 RFID라고 할 수 있다. 현재의
RFID 기술은 보안 기능이 매우 취약하여, 태그 정보 및 센서 노드
의 위·변조 및 네트워크에서 개인 추적 정보 유출 등의 위험에
노출되어 있다.

RFID 환경에서 발생되는 대량의 태그 데이터를 수집 또는 필터링
하여 의미 있는 정보로 요약하여 응용 시스템에 전달하는 시스템
소프트웨어인 RFID 미들웨어에 대한 연구가 활발히 진행되고 있
고, ISO/IEC JTC1/SC31의 Working Group4에서 표준화 제정을
연구하고 있다.

# 반도체 메모리

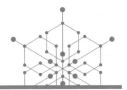

**정의**  반도체 메모리(semiconductor memory)는 트랜지스터나 콘덴서를 사용하여 전자의 충 · 방전이나 회로의 출력상태에 따라 정보를 저장하는 소자를 말한다.

**해설**  메반도체 메모리는 컴퓨터의 기억장치, 휴대폰, 디지털 카메라 등의 기기에 기억장치로 사용되어 정보를 저장하고 필요시 꺼내 사용하기 위해 활용된다.

저장된 데이터에 접근하는 방법에 따라 RAM(random access memory, 임의접근기억장치)와 SAM(sequential access memory, 순차접근기억장치)으로 구분된다.

RAM은 데이터가 저장된 위치에 관계없이 데이터를 읽거나 쓰는 데 걸리는 시간이 거의 일정한 기억장치로 대부분의 반도체 메모리, DVD-ROM 등이 있다. SAM은 데이터가 기억된 순서에 따라 순차적으로 데이터에 접근하는 기억장치로 자기 테이프가 있다.

반도체 메모리는 기억장치에 데이터를 읽고 쓰기가 가능한 것과 제조 과정에서 미리 데이터를 입력하여 읽기만 가능한 메모리로 구분된다. 읽기만 가능한 메모리를 ROM(read only memory), 읽고 쓰기 가능한 메모리를 RWM(read write memory)이라고 한다.

ROM은 전원이 OFF되어도 데이터가 유지되는 NV(non-volatile, 비휘발성) RAM으로 MASK ROM은 제조 과정에서 미리 데이터를 입력해 데이터를 읽기만 하는 메모리로 동일한 내용으로 수요가 많은 데이터를 저장하는 데 사용된다.

PROM(programmable ROM)은 1회만 쓰기가 가능한 메모리로 전체 데이터가 1인 상태(퓨즈 장착 S/W on)로 출시되고, 프로그램의 개념은 장착된 퓨즈를 끊어내는 동작으로 1회만 쓰기 동작이 가능한 기억장치이다.

EPROM(erasable PROM)은 자외선으로 데이터를 지울 수 있는 UVEPROM(ultra-violet erasable programmable)을 의미한다. UVEPROM에는 석영유리창이 있어 이곳에 자외선을 쪼여 기록된 내용을 한꺼번에 지운다.

EEPROM(electrically erasable programmable ROM)은 전기적으로 데이터를 지울 때 1바이트 단위로 가능하기 때문에 데이터를 바이트 단위로 읽고, 쓰기는 블록 단위로 수행할 수 있는 변형된 EEPROM 형태를 가지는 플래시 메모리에 비해 매우 느리다.

읽고 쓰기 가능한 반도체 메모리는 RWM으로 표현해야 하지만 반도체 메모리의 대부분이 읽고 쓰기 가능한 메모리이므로 반도체 메모리의 특징인 RAM(=RWM)을 읽고 쓰기 가능한 휘발성 메모리의 이름으로 사용한 것으로 추정된다.

반도체 메모리의 특징을 대변하는 RAM은 저장한 데이터의 상태에 따라 SRAM(static RAM, 정적-저장된 데이터 유지)과 DRAM(dynamic RAM, 동적-저장된 데이터 값 변함)으로 구분된다.

SRAM은 4개의 트랜지스터(TR)를 사용하여 정보(1,0)를 저장하고 2개의 트랜지스터를 사용하여 읽기, 쓰기 기능을 수행한다. 전원이 공급되는 동안에는 저장된 데이터를 일정하게 유지하고 있어 읽기 신호에 빠르게 대응할 수 있다.

그러나 데이터를 유지하지 위한 복잡한 회로(트랜지스터 6개 사용) 때문에 집적도가 떨어지고 소비전력이 높아 접근 속도를 최우선으로 해야 하는 경우에 사용한다.

컴퓨터에서 사용 예를 들면 CPU의 내장되어 캐시메모리(프로그램의 실행속도를 중앙처리 장치의 속도로 올리기 위해 사용하는 소규모 메모리)로 사용되는 L1, L2, L3 캐시로 사용된다.

DRAM은 트랜지스터, 커패시터 구조로 콘덴서의 충·방전에 의해 1과 0의 정보를 기록하는 기억장치로 콘덴서에 충전된 전하(1)가 시간이 지나면 방전하게 되는 점이 저장된 데이터가 움직인다는 의미와 같다. 방전(0)에 의해 저장된 전하가 흘러 나가기 때문에 주기적으로 콘덴서를 재충전(refresh)해야 데이터를 유지할 수 있다.

재충전 진행 중에 읽기신호가 들어오면 메모리는 재충전이 끝난 후에 저장된 데이터 값을 출력해야 할 것이다. 즉, 재충전 시간만큼의 시간지연이 발생할 수 있다. 즉, 저장된 데이터가 전원이 공급되는 한 항상 유지되는 SRAM에 비해 기억장치 접근 속도가 느리게 된다. DRAM은 콘덴서의 방전(0)을 막지 않고 자연스럽게 두고 일정 시간 간격으로 재생 펄스(refresh pulse)를 가해 재충전하는 방식이어서 구조가 간단하여 집적도가 높고, 힘이 덜 들어 소비력이 적다. 주로 컴퓨터의 주기억장치로 사용된다.

## NVRAM

NV(비휘발성) RAM은 SRAM(정적 램)을 의미하는 것으로, 별도의 외부 배터리를 두어 전원 OFF 시 데이터를 유지하는 방식과 EEPROM과 연동하여 전원 OFF 시 데이터를 EEPROM에 저장하고 전원 ON 시 데이터를 읽어오는 방식으로 구분할 수 있다. NVRAM은 비휘발성 기능을 추가한 SRAM으로 SRAM의 특징을 모두 가지고 있어 구조가 복잡해서 집적도가 낮아 용량이 적고, 소비전력이 높아 대용량 저장장치 등의 구성은 불가능하다.

NVRAM은 메모리 용량, 드라이브 타입(IDE, SATA) 종류, 부팅 순서 및 구성 정보 등의 CMOS 데이터를 저장하고 유지하기 위해 CMOS 배터리를 사용한다. 배터리는 시스템 날짜와 시간을 저장하는 RTC(real-time clock)의 정보도 유지할 수 있도록 해준다. 컴퓨터의 부팅 과정을 살펴보면 BIOS에 의해 NVRAM의 시스템 하드웨어 정보를 읽어 각 장치들을 테스트하고, 하드디스크의 부트 섹터에 있는 부트 파일을 로딩하여 운영체제가 서비스를 시작하게 된다.

BIOS(basic input output system)는 컴퓨터를 사용하기 위해 운영체제와 하드웨어 사이의 입출력을 담당하기 위한 작은 소프트웨어와 드라이버로 이루어진 펌웨어로 메인 보드의 ROM에 저장된다. BIOS는 ROM에 저장되어 부팅 시 매번 같은 동작을 반복하는 프로그램으로 ROM-BIOS라고 부른다. ROM-BIOS가 사용할 하드웨어 정보, 부팅 순서 등과 같은 자료를 저장하고 유지하는 메모리가 NVRAM이다.

CMOS Setup은 컴퓨터 시스템의 하드웨어 정보 및 부팅 순서 등의 다양한 컴퓨터 하드웨어 환경을 변경할 수 있는 프로그램으로

BIOS에 존재한다.

☞ 플래시 메모리(flash memory): EEPROM의 변형된 형태로 전기적 신호로
블록 단위 데이터를 지우고 쓰는 메모리로, 빠른 속도를 장점으로 USB
메모리, 내비게이션, 블랙박스 등의 SD 메모리, CF 메모리, 컴퓨터의 SSD
하드드라이브 등 다양한 분야에서 사용되고 있다.

# 불 대수

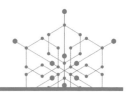

**정의**  불 대수(Boolean algebra)는 집합의 개념을 이용하여 논리의 개념을 형식화(기호화)한 대수 체계다.

**해설**  불 대수에서 변수가 갖는 값(0, 1)은 디지털 논리회로 내에 생기는 두 개의 레벨, 즉 "HIGH" 레벨은 1로 "LOW" 레벨은 0으로 표시한다.

논리는 물리적인 형태가 없는 사고 과정의 전개 형식과 규칙을 말한다.

-. 변수의 표현은 대문자를 사용하고

-. 변수는 1 또는 0 값 중 하나의 값을 가진다.

A 변수의 값이 1인 경우 A로 표현하고,

A 변수의 값이 0인 경우 $\overline{A}$ 또는 $A'$ 로 표현한다.

즉, 불 대수에서 변수가 갖는 값은

1: "HIGH" 레벨(5V), 스위치 on, True(참)

0: "LOW" 레벨(0V), 스위치 off, False(거짓)

디지털 회로에서 논리는 1이 중심이 되는 "HIGH" 레벨(5V) 중심의 양(+) 논리와 0이 중심이 되는 "LOW" 레벨(0V) 중심의 음(-) 논리로 구분하는데, 묵시적으로 양 논리를 우선 사용한다. 즉, A라고 표시된 변수는 자신이 가지고 있는 변수의 값이 1이라고 나타내는 것이다. $\overline{A}$ 또는 $A'$로 표시되는 변수의 값은 $^-$, $'$ 는 NOT을 의미함으로 A 변수의 값이 1이 아니라는 의미를 가진다. 1이 아니므로 변수가 갖는 값은 0이 되는 것이다. 아래와 같이 정리할 수 있다.

| 논리회로 | | 변수 | 변수값 | |
|---|---|---|---|---|
| 양 논리(1이 중심) | 음 논리 (0이 중심) | 대문자 표시 | A | $\overline{A}$ 또는 $A'$ |
| 최소항의 합 | 최대항의 곱 | | 1 | 0 |

생.<br>각.<br>거.<br>리.

## 불 대수의 활용

불 대수는 1854년 영국의 수학자 조지 불(George Boole, 1815~1864)이 집합연산을 활용하여 논리학을 기호화한 대수체계를 의미한다. 이후 샤논(Claude Elwood Shannon)이 스위칭 대수(switching algebra)로 확장함으로써 전자공학 분야의 논리 설계 및 분석 등에 광범위하게 사용되었다.

| 집합 | | | 논리 게이트 |
|---|---|---|---|
| 교집합 | AND | ~ 그리고, | 둘 다 만족<br>(양 논리를 사용함으로 입력이 둘 다 1인 경우) |
| 합집합 | OR | 혹은, 또는 | 둘 중 하나 만족<br>(양 논리를 사용하므로 둘 중 하나가 1인 경우) |
| 여집합 | NOT | 부정 | 변수의 값 = 집합의 원소 $\overline{1}=0, \overline{0}=1$ |
| 전체집합 | 1 | | |
| 공집합 | 0 | ∅ | 모든 집합의 진부분집합 |

불 대수의 정리를 해석하는 데는 다양한 방법이 있으나 불 대수의 근간을 집합연산으로 보고 해석하면 간단하게 진행할 수 있다. 위와 같은 관계를 가지고 다음 불 대수의 정리를 집합연산에 의해 살펴보면

| 배분법칙 | $A \cdot (B+C) = A \cdot B + A \cdot C$ | | $A + B \cdot C = (A+B) \cdot (A+C)$ |
|---|---|---|---|
| 부정 | $\overline{A} = A$ | 부정의 부정은 긍정 | A변수의 값은 1(양 논리) $\overline{1}=0, \overline{0}=1$ |
| 흡수법칙 | $A + AB = A$ | $A(A+B) = A$ | 벤다이어그램 그리기 |
| 불 대수 정리 | $A + 0 = A$ | $A \cup \varnothing = A$ | 0은 공집합 $(\varnothing)$ |
| | $A + A = A$ | $A \cup A = A$ | |
| | $A + \overline{A} = 1$ | $A \cup A^c = 1$ | 집합 A 와 A를 제외한 나머지$(\overline{A})$의 합집합 |
| | $A + 1 = 1$ | $A \cup U = U$ | 집합 A 와 전체집합의 합집합 |
| | $A \cdot 0 = 0$ | $A \cap \varnothing = \varnothing$ | 집합 A 와 공집합 $(\varnothing)$의 교집합 |
| | $A \cdot A = A$ | $A \cap A = A$ | |
| | $\overline{A} \cdot A = 0$ | $\overline{A} \cap A = \varnothing$ | |
| | $A \cdot 1 = A$ | $A \cap U = A$ | |

1. 배분법칙은 $A \cdot (B+C) = A \cdot B + A \cdot C$ 은 $A \cdot$ 을 분배하면 된다.

$$= A \cdot B + A \cdot C$$

2. 흡수법칙은 A+A · B = A∪(A∩B) = A

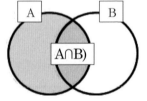

A · (A+B)   A, B 합집합과 A의 교집합은 A

AND(논리곱) = A · B ⇨ A∩B        OR(논리합) = A+B ⇨ A∪B
NOT(논리부정) = $\overline{A}$   ⇨ 1이 아니므로 0($\overline{1}=0$)

■ 활용 예

컴퓨터 공학, 디지털 공학에서 디지털 게이트의 연결 관계 및 논리회로를 대수적 표현으로 나타내는 데 활용되고, 기타 분야로 집합론, 수학적 논리 등에 활용된다.

# 불 대수에 의한
## 간소화

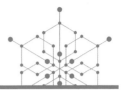

**정의**    디지털 회로를 설계하는 과정에서 논리식을 유도하게 되는데 논리함수를 간소화한다는 것은 출력 특성은 유지하고 논리게이트 소자수를 줄여 설계 및 제작 비용이 절감되며 회로가 간단해짐으로 인해 회로가 더 낮은 전력을 소모하고, 발열에서 자유롭고 동작 속도 또한 빨라 신뢰도를 향상시킨다.

**해설**    논리함수를 간소화하는 방법에는 다음과 같은 방법이 있다.

#### ✅ 불 대수를 이용한 간략화 방법
대수학적 처리 방법으로, 불대수의 정리 및 공식을 사용한다. 시간이 많이 걸리고 여러 가지 방법이 존재하는 간략화 방법이다.

#### ✅ 카르노 맵(Karnaugh map)을 이용한 간략화 방법

1953년 벨연구소의 카르노(Maurice Karnaugh)가 개발한 방법으로, 4변수 정도까지 사용하고, 시각화가 용이한 특징이 있다.

#### ✅ 도표(tabulation)를 이용하는 방법

처리 과정이 다소 복잡하고 시각화에 불편하지만 알고리즘화에 용이하다.

불대수 정리에 의한 간소화 방법은 불대수 정리 및 교환, 분배, 결합법칙을 사용하여 간소화해 나가는 방법으로, 특별히 정해진 방법 없이 학습자의 능력에 따라 간소화해 나가는 방법이다. 이 방법을 사용할 때는 다음 두 가지 점에 주의한다.

① 분배법칙은

$A(B+C)$

$= A \cdot (B+C)$

$= A \cdot B + A \cdot C$와 같이 곱하는 A가 부호를 포함한다는 것($A \cdot$)

(공통인수를 묶어줄 때도 부호를 포함하여 묶어준다.)

$A$

$= A \cdot 1 = A \cdot (B+B')$

$= A \cdot B + A \cdot B'$

(한 변수만 표현된 것은 경우에 따라 생략된 변수를 포함시킨다.)

② 간소화 방법은

① 공통인수를 찾아 묶을 수 있는지 확인한다.

$A = A \cdot 1$

② 분배법칙이 되는지 확인한다.

③ 추가변수가 필요하다면 $\cdot 1$을 해준다.

변수가 2개 정도면 벤다이어그램을 그려 확인하는 것이 빠르고, 3개 이상은 카르노 맵을 그려서 간소화하는 것이 가장 적절한 방법이다.

2변수의 벤다이어그램을 살펴보면 각각의 영역을 더해보면 $(A \cap B^c) \cup (A \cap B) \cup (A^c \cap B)$ = A∪B 임을 알 수 있다. 이것을 대수식으로 표현하면 A•B'+A•B+A'•B = A+B로 표시한다.

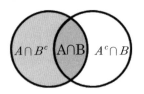

A•B'는 대수적으로 보면 A값은 1이고 B는 1이 아닌 경우로 볼 수 있으므로 집합으로 다시 보면 A이면서 B가 아닌 것으로 표현할 수 있다.

| 10진수 | 최소항 | | | 입력 | | 출력 |
|---|---|---|---|---|---|---|
| | | | | A | B | Y |
| 0 | $\overline{A} \cdot \overline{B}$ | A'B' | A도 아니고 B도 아닌 것 | 0 | 0 | |
| 1 | $\overline{A} \cdot B$ | A'B | A아니고 B인 것 | 0 | 1 | |
| 2 | $A \cdot \overline{B}$ | AB' | A이면서 B가 아닌 것 | 1 | 0 | |
| 3 | $A \cdot B$ | AB | A이면서 B인 것 | 1 | 1 | |

✔ 간소화 예제

A+AB = 1) = A∪(A∩B) ⇨ 벤다이어그램 답은 〈A〉

　　　　2) 분배법칙

　　　　　　A+A•A+B = A•(A+B) ⇨ 벤다이어그램 답은 〈A〉

　　　　3) 공통인수 묶을 시

　　　　　　A+AB = A•1+AB − A•묶어주고 남은 것은 순차적으로

　　　　　　　　　= A•(1+B)

　　　　　　　　　= A•1 = A

✅ 드모르간의 정리(DeMorgan's theorems)

논리곱(합)의 부정은 각각 부정의 논리합(곱)과 같다는 법칙으로 논리학과 동일하게 집합론, 전자회로 분석 등에도 사용된다.

① 전체부정을 각각의 부정으로 나누어 준다.
② AND ⇨ OR,  OR ⇨ AND로 바꾸어 준다.
③ 부정의 부정은 긍정

예제) 1.  $\overline{A+B} = \overline{A} \quad \overline{B}$ → 전체부정을 각각의 부정

           $= A' \cdot B'$  $- \to OR \to AND$로

    2.  $\overline{\overline{A+B}+C}$  $= \overline{\overline{A+B}} \quad \overline{C}$ → 전체부정을 각각의 부정

               $= A+B \cdot \overline{C}$ → 부정의 부정 : 긍정, $OR \to AND$

               $= AC' + BC'$  $\to C' \cdot$ 로 분배법칙

논리회로는 양 논리 우선으로 사용하기 때문에 논리식을 최소항의 합(sum of products) 형태로 구성한다. 즉, 입력을 AND 게이트로 묶어 여러 개를 OR로 연결하면 출력 구성이 가능하다.

드모르간의 정리와 불 대수를 적절하게 이용하면 논리 게이트를 NAND 게이트나 NOR 게이트로 동일한 구성을 갖도록 구성하는 것이 가능하다.

예를 들면, 논리식 Y는 최소 항의 합 형태로 구해지고, 이를 NAND 게이트로 변환하기 위해 드모르간의 정리(부정의 부정은 긍정)를 적용하면,

불 대수에 의한 간소화

$Y = AB + A'B + AB'$ : $NAND$ 게이트로 만들기

$= \overline{\overline{AB}} \ \overline{\overline{A'B}} \ \overline{\overline{AB'}}$ : 부정에 부정을 취함

$= \overline{\overline{AB} \cdot \overline{A'B} \cdot \overline{AB'}}$ : $OR \rightarrow AND$ 로 변환

위와 같이 변환할 수 있다. NAND 게이트만으로 구성된 회로는 구조가 가장 간단하고 입력이 많아져도 동작에 큰 지장이 없으므로 가장 널리 쓰인다.

---

## 플래시 메모리의 구성과 특징

생.
각.
거.
리.

NAND 게이트로 구성된 비휘발성 메모리인 NAND 플래시 메모리와 NOR 게이트로 구성한 플래시 메모리인 NOR 플래시 메모리가 있다.

| NAND flash memory | NOR flash memory |
|---|---|
| 셀의 배열을 직렬 | 셀의 배열을 병렬 |
| 데이터 순차적 기록, 쓰기 속도 빠름 | 셀의 주소 필요: 회로 복잡, 읽기 속도 빠름 |
| 용량을 늘리기 쉬움 | 데이터의 안전성 우수. |
| 셀을 수직으로 배열: 대용량화 가능 | 회로 복잡 : 대용량화 어려움 |
| 소형화, 대용량화가 가능하므로 다양한 모바일 기기 및 전자제품의 저장장치로 사용. | |

# 블루투스

**정의** 블루투스(bluetooth)는 휴대폰과 컴퓨터의 다양한 입출력장치 및 이어폰과 헤드폰 등의 휴대기기를 2.4GHz 무선 링크를 통해 소출력(10~100m)으로 서로 연결해 정보를 교환하는 보안 프로토콜이다.

**해설** 블루투스는 단거리, 저전력, 저비용으로 연결하는 근거리 무선 기술 표준으로, 다음과 같이 분류한다.

■ 송신 전력에 따른 분류
- Class1  100m
- Class2  20~30m
- Class3  10m

■ 전송 속도에 따른 분류

- 버전1.0~1.2 723Kbps
- 버전2.0 2.1Mbps, 1:다수의 연결,
- 버전3.0+HS(high speed) 24Mbps ⇨ 고속 전송 기술
- 버전4.0 BLE(bluetooth low energy, 저전력 블루투스)

이론상 최대 25Mbps를 전송할 수 있지만, BLE 또는 블루투스 스마트로 불리는 저전력 모드에서는 통상 1Mbps의 전송 속도를 갖는다. 블루투스는 ISM(industrial scientific and medical) 주파수 대역 중 2400~2483.5MHz에서 간섭을 막기 위해 아래쪽 2G, 위쪽 3.5G의 가드밴드(guard band)를 두고 각 채널 대역폭을 1MHz로 하여 총 79개 채널(2402~2480MHz)을 사용한다. ISM(블루투스)은 간섭을 용인하고 공동으로 사용하기 때문에 소출력을 기본으로 하지만 시스템 간 전파간섭이 발생할 우려가 있다.

전파간섭을 방지하기 위해 블루투스는 할당된 79개 채널을 1초에 1,600번 주파수를 바꿔가며 데이터를 빠른 속도로 조금씩 전송하는 방법을 사용하는데, 이를 주파수 호핑(frequency hopping)이라 한다. 호핑 패턴이 블루투스 기기 간에 동기화되어야 통신이 이루어진다.

✅ ISM(industrial scientific and medical) 주파수

산업, 과학, 의료용 주파수 대역으로, 전파의 사용 허가를 받을 필요가 없고, 한정된 장소에서 사용하기 때문에 상호 간섭을 용인하고 이를 최소화하기 위해 소출력을 기본으로 하여 공동 사용한다.

ISM 주파수 대역 중 통신용으로 많이 사용되는 주파수 현황은 다음과 같다.

- 400MHz 대역: 424MHz, 447MHz
- 900MHz 대역: 902~928MHz(26MHz)
- 2.4GHz 대역: 2.4~2.4835GHz(83.5MHz)
  - ☞이 대역을 사용하는 무선 LAN 표준: IEEE 802.11, 802.11b, 802.11g
- 5GHz 대역: 5.725~5.825GHz(125MHz)

이 가운데 900MHz 대역은 2020년부터 사용이 금지되고 기간통신망에 사용될 전망이다.

블루투스의 네트워크는 마스터(master)/슬레이브(slave) 모델[피코넷(piconets): 마스터가 최대 7개의 슬레이브를 연결로 기기 간에 연결된다(paring, 두 기기를 한 쌍으로 묶는다). 마스터와 슬레이브 간 통신만 가능할 뿐 슬레이브 사이의 통신은 불가능하다. 피코넷이 여러 개 모여 계층적인 큰 네트워크를 구성하면 이를 스캐터넷(scatternet)이라고 한다.

CONNECTION 상태가 되기 위해서는 주위의 연결할 수 있는 디바이스를 찾는 조회(照會, inquiry)와 검색한 디스바이스와 어드레스와 클록 정보 등으로 호핑 시퀀스를 동기화시켜 실제 연결을 수행하는 페어링(paring)을 거쳐야 한다.

마스터는 피코넷의 슬레이브 연결 상태(connection state)를 채널 및 링크의 확립을 효율적으로 하고, 전력 소비를 최소화하기 위해 Active, Sniff, Hold, Park의 네 가지 동작 모드로 나누어 관리한다.

- Active Mode는 가장 일반적이고 제약이 없는 연결 상태다.

- Sniff Mode는 슬레이브에서만 가능하며 마스터와 슬레이브 사이에 통신이 가능한 타임 슬롯을 특정하게 제한하는 것이다. 즉, 슬레이브의 듀티 사이클(duty cycle)이 제한되어 있어 특정 타임

슬롯일 때만 마스터와의 통신이 가능하다.

- Hold Mode는 일정 시간 동안 ACL 링크가 지원되지 않는 상태로, Scanning, Inquiring, Paging 등이 가능하고 스캐터넷을 구성할 수도 있고 전력 사용을 최소화하는 Low-Power Sleep Mode로 들어갈 수도 있다.

- Park Mode는 슬레이브가 현재로서는 피코넷에서 참여할 필요가 없지만 채널 동기 상태는 유지할 필요가 있을 때 사용된다. 슬레이브는 마스터와 정상적인 패킷 교환은 불가능하지만, Beacon 채널을 통해 주기적으로 마스터로부터 패킷을 수신한다.

블루투스가 주목받는 이유는 다음 세 가지다.

1. 저렴한 가격에 저전력(100mW)으로 사용하고 표준규격을 준수하기 때문에 언제 어디서나 모든 정보기기 간의 자유로운 데이터 교환이 가능하다.
2. 주파수 호핑으로 데이터 전송을 여러 주파수에 걸쳐서 분할하여 전송하므로 보안 면에서도 상대적으로 안전하다.
3. 블루투스 신호는 장애물과 무관하고 전 방향으로 신호 전송이 가능하다.

## 블루투스 명칭의 유래

생.
각.
거.
리.

1994년 통신기기 제조 회사인 스웨덴의 에릭슨(Ericsson Mobile Communication)은 휴대폰과 그 주변장치를 연결하는 소비전력이 적고 가격이 싼 무선(radio) 인터페이스로 케이블을 대체하기 위한 연구를 시작했다.

1998년 2월 에릭슨, 노키아, IBM, 도시바, 인텔로 구성된 표준화 단체인 BlueTooth SIG(Special Interest Group)가 발족되었다. 블루투스 SIG에는 현재 모토로라, 마이크로소프트, 루슨트테크롤로지, 스리콤 등 세계적인 기업이 참여하고 있으며, 2010년 말 현재 회원사가 1만 3,000여 개에 이르는 전 세계적인 표준 규격으로 자리 잡았다.

iar - ia
"serpent"

beorc - b
"birch"     칸디나비아 룬 문자

하랄의 H     블루투스의 B

블루투스 로고

블루투스

블루투스는 헤럴드 블루투스(Harald Bluetooth)의 H와 B를 스칸디나비아 룬 문자로 형상화한 로고를 사용한다.

블루투스 명칭의 유래는 10세기 헤럴드 블루투스(Harald Bluetooth)가 스칸디나비아 국가인 덴마크와 노르웨이를 통일한 것처럼 서로 다른 통신장치들 사이를 하나의 무선통신 규격으로 통일한다는 의미를 담기 위해 프로젝트 명으로 사용했으나 기억하기 좋고 흥미를 유발할 수 있어 공식 명칭으로 사용되고 있다.

새로운 '블루투스 5'는 400m 떨어진 기기와 통신, 저전력 모드에서 약 40m의 전송 거리를 지원, 전송 속도를 '블루투스 4'보다 2배(50Mbps) 높이고 브로드캐스트 용량을 8배 늘려 이 기능을 활용하면 별도의 페어링 없이 주변의 비콘과 다중으로 통신할 수 있다. 또한 블루투스 게이트웨이 아키텍처는 블루투스 기기와 클라우드를 직접 연결해 스마트폰이나 태블릿 없이도 사물인터넷 (IoT) 기기들을 원격으로 제어할 수 있는 기능을 제공한다.

# 사물인터넷

**정의** 사물인터넷(IoT: Internet of Things)은 사물을 유·무선 통신망으로 연결하고 센서에서 발생하는 실시간 데이터를 사람의 개입 없이 인터넷으로 주고받는 환경이다.

**해설** 케빈 애슈턴(Kevin Ashton)이 재고관리 시스템의 효율성을 높이기 위해 모든 물건에 RFID를 부착해 서로 소통할 수 있도록 하는 방안을 구상하고, 1999년 프록터앤드갬블(P&G)에서 P&G 제품에 무선 센서를 다는 아이디어를 발표하면서 사물인터넷(IoT)이라는 용어를 사용했다.

사물인터넷에 대한 정의는 다양하다. 한국인터넷진흥원은 인간, 사물, 서비스의 환경에서 인간의 개입 없이 상호 협력적으로 센싱, 네트워킹, 정보 처리 등 지능적 관계를 형성하는 사물 공간 연결망이라 정의하고, 맥킨지는 사물이 유·무선 네트워크로 연결되어 인터넷 전반에서 추적·조정·통제될 수 있도록 하는 센서, 구동기, 데이터 통신기술을 사용하는 것이라 정의하며, 미 백악관 보고서에서는 유·무선 통신을 통해 연결된 임베디드 센서를 사용, 디바이스 간에 서로 데이터 통신을 하는 기능이라 정의한다.

다시 말해 사물 인터넷은 사물이 센서 네트워크를 통해 정보를 제공하고 가공하여 본래의 가치보다 더 나은 가치를 부여하는 것이다.

┃사물인터넷의 핵심 구성 요소

- 사물+인터넷(정보 활용): 더 나은 기능을 실행하는 사물
- 사물: 각각의 목적에 따라 만들어진 물건
    - 자동차: 이동 수단,
    - 알람시계: 정해진 시각에 소리 및 진동
- 인터넷 접속: 정보를 검색하고 가져와 가공하여 사물의 가치를 높여주는 것

사물인터넷의 기능을 가진 사물은 인터넷에 접속하기 위한 통신 기능, 정보를 검색하고 가공하는 기능, 사물이 적당한 액션을 하도록 하기 위한 컨트롤러 기능, 상황을 탐지하는 센서와 처리된 정보에 따라 액션을 취하는 액추에이터(인터페이스)로 구성된다.

- 사물인터넷 = 사물 ⇨ 인터넷 접속 + 정보 획득 · 가공+센서 ⇨ 액추에이터

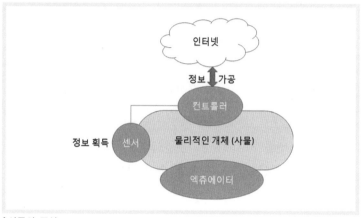

| 사물의 구성

사물인터넷의 시장이 발전하기 위한 가장 큰 걸림돌은 인터넷 보안, 즉 해킹에 의한 사회 혼란을 막을 수 있어야 한다는 것이다. 스마트폰에 비해 보안이 취약한 하드웨어이기 때문이다.

최초의 사물인터넷 해킹 사례는 2013년 12월 23일부터 2014년 1월 6일까지 미국 가정의 홈 네트워크 환경에서 약 10만 개의 가전제품이 대량의 스팸 메일 살포에 이용된 사건이다. 스팸 메일 살포에 이용된 가전제품은 컴퓨터는 물론 네트워크 라우터, 스마트TV, 그리고 냉장고도 포함되었다. 또한 크라이슬러는 보안 전문가들이 지프 체로키 차량을 해킹해 차량을 마음대로 조작할 수 있음을 보여주자 140만여 대의 차량을 리콜했다. 더 많은 해킹 관련 자료는 남서울대학교 산학협력단의 보고서 「사물인터넷 시대의 개인정보 침해 요인 분석 및 실제 사례 조사」(2015. 12. 9.)를 활용하기 바란다.

## 사물인터넷 활용

사물인터넷의 활용 예는 다음과 같다.

### 똑똑한 우산

인터넷에 연결하여 날씨 정보를 가져오고 해당 지역의 날씨를 확인하고 근접 센서를 활용하여 주인이 현관에 나오는 것을 인지하고 소리, 빛(액션)을 통해 우산을 가져갈 수 있도록 한다.

### 똑똑한 알람

인터넷에 연결하여 교통상황을 체크하여 비행기가 연착한다는 사실을 알고 알람을 30분 늦게 울려 기상시킨다.

### 도난방지 지갑

주인의 다른 사물(손목시계, 자동차 키, 휴대폰 등)과 정보를 주고받아 주인이 지갑에서 10m만 떨어져도 나를 놓고 가지 말라고 알려준다.

### 스마트 가로등

사람의 통행이 없으면 조도를 낮추어 절전하고 사람의 왕래가 있으면 조도를 높이거나 주변의 밝기에 반응하여 가로등의 밝기를 조절한다.

유비쿼터스 컴퓨팅과 사물인터넷은 사물을 더 똑똑하게 만든다는 내용은 유사하지만 유비쿼터스 컴퓨팅은 인터넷에 연결되지 않아도 인간이 편리하도록 센서를 사용하여 미리 정해진 단계로 사물을 작동시키는 것으로 사람이 방에 들어오는 것을 감지하고 조명을 켜는 것, 그리고 날씨가 추워지면 퇴근시간에 맞추어 보일러를 가동하는 것 등을 예로 들 수 있다. 이러한 것들은 인터넷에 연결되지 않고도 센서를 통해 주변을 인지하고 미리 설정해 놓은 조건만으로도 작동이 가능한 기술이다.

사물인터넷(IoT) 시장의 연평균 성장률을 가트너(Gartner)는 31.4%, IDC는 12.5%, 마차이나 리서치(Machina Research)는 26.2%로 예측하고 있다.

가트너에 따르면 2009년까지 사물인터넷 기술을 사용하는 사물의 개수는 9억 개였으나 IT 기술이 빠르게 발전하면서 사물인터넷(IoT) 핵심 기술인 센서와 통신 대역폭 비용이 낮아짐에 따라 사물인터넷 (IoT) 제품의 수가 2020년에는 250억 개에 이를 것으로 예상하고 있다.

# 스마트 하이웨이

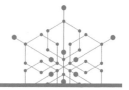

**정의** 　스마트 하이웨이(smart highway)는 첨단 IT통신과 자동차 및 도로기술이 융·복합된 안전하고 편안한 지능형 고속도로를 말한다.

**해설** 　스마트 하이웨이는 "첨단 IT통신+자동차+도로기술 = 안전하고 편안한 지능형 고속도로"로, 고속도로를 주행 중인 차량은 다른 차량 또는 교통시설과 도로상황 등 각종 교통정보를 실시간으로 주고받아 전방에서 발생하는 상황을 신속하게 운전자에게 알려 시속 120km 주행을 목표로 한다. 정보통신 기술과 자동차 기술 등을 결합하여 이동성, 편리성, 안전성 등을 향상시킨 고기능·고규격의 지능형 차세대 고속도로다.

| 스마트 하이웨이 개념도(국토교통부 자료)

스마트 하이웨이 사업은 세계 최고 수준의 지능형 고속도로를 개발하기 위해 한국도로공사에서 2007년 10월부터 약 7년간 수행한 국가 R&D 사업으로, 첨단 IT 및 자동차 기술, 도로 기술을 융합하여 이용 차량의 안전성, 이용 고객의 편리성, 정시성 등을 실현할 목적으로 세계 1위 기술 5건〔주행로 이탈 예방, 연쇄사고 예방, 스마트 톨링(smart tolling, 통행료 자동부과 시스템), 전천후 돌발 상황 감지 및 제공, WAVE 기반 V2V · V2I 통신〕 개발, 고속도로 교통사고 60% 저감, 선진국 대비 기술 수준 100% 및 $CO_2$ 저감 10% 달성 등을 최종 목표로 진행했다.

세계 최초로 개발한 돌발 상황 자동 감지 시스템인 Smart-I는 낙하물이나 고장 차량이 생기면, 어레이 카메라와 자동 추적 CCTV, 레이더 등을 활용해 즉각 그 정보를 관리자에게 제공한다. 이 시스템은 기상 악조건(야간, 우천)에서도 30cm 이상 크기의 낙하물체를 30초 이내에 95% 이상의 정확도로 감지할 수 있어 돌발 상황에서 신속한 대응 및 조치가 가능해 2차 교통사고 예방에 효과적이다.

스마트 하이웨이의 핵심 기술 중 하나인 WAVE(Wireless Access in Vehicle Environments, 차량 환경에 적합한 무선통신)는 DSRC, WiFi 등을 동시에 수용하여 차량 대 차량, 차량 대 기지국과의 무선통신에 사용되어 전방 사고, 물체 낙하, 갓길 주차 등 돌발 상황에 대한 정보를 제공하여 사고를 미연에 방지할 수 있게 하는 통신기술이다.

스마트 톨링 시스템은 시속 100km로 달리는 상황에서도 톨링 존을 지나가면 카메라가 차의 번호판을 인식해 자동으로 통행료를 결제하는 시스템이다. 여기에는 차량번호 영상인식 기술, 근거리 전용통신 기술, 하이패스 등이 활용된다.

차세대 지능형교통체계(C-ITS)는 ICT를 활용해 주행 중인 차량에 도로 위 장애물이나 차량 간에 사고정보 등 돌발 상황 정보를 알려줘 교통사고를 예방하는 시스템이다.

---

### 스마트 하이웨이의 현실화

생.각.거.리.

스마트 하이웨이 체험도로 구축

- 목적: 스마트하이웨이 개발 기술 검증
- 위치: 여주시험도로(중부내륙선 여주~감곡 사이. L=7.7km)
- 구축 내용
  - 주행 중 무선통신기술(WAVE) 등 10개 기술
  - 운영센터 및 관련 인프라(기지국, 광동신 등)
- ☞ WAVE: 고속 이동 환경에서 차량 간(V2V) 또는 차량과 인프라 간(V2I)의 무선통신기술

■ 시범도로 구축 운영

- 목적: 스마트하이웨이 개발기술 실제 공용도로 검증
- 위치: 경부선 서울TG~수원IC(약 11km, 왕복 8~10차로)
- 설치 기술
  - 자동 돌발 상황 감지, WAVE 기지국 등 5개 기술
- 운영 방안
  - 구축 시스템 관리 및 모니터링, 수집 정보 저장
  - 돌발 상황 정보(SMART-I 및 레이더) 일반 차량에 제공 등

서울―세종 고속도로는 총연장 129㎞(6차로)로 경기도 구리시에서 세종시 장군면을 잇는 고속도로로 스마트 톨링 시스템과 차세대 지능형교통체계(C-ITS), 자율주행차를 위한 인프라를 구축하기로 하고 1단계 서울―안성 구간을 2022년 개통을 목표로 공사가 진행되고 있다. 서울―세종고속도로 완전 개통 예정 시기는 2025년이다.

자율주행차를 위한 인프라를 구축하기 위해 레이더를 설치하여 차량의 위치 및 주변 상황을 확인하고 도로 시설물과 차량 간 통신(비투비 V2V)을 할 수 있도록 한다는 목표도 세웠다.

# 아날로그

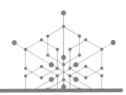

**정의**   아날로그(analogue)는 연속으로 변화하는 물리량으로 표현하는데, 온도·전류·전압·소리·속도 등과 같이 시간의 흐름에 따라 신호가 연속으로 변화하는 형태를 가진다.

**해설**   지침(바늘)을 가지고 값을 표시해주는 자동차 속도계, 시침, 분침에 의해서 시각을 알려주는 시계, 수은주의 길이로 온도를 나타내는 온도계처럼 측정값을 읽어야 하는 것이 해당되는데 우리 주변에 발생하는 데이터는 대부분이 아날로그다. 이를테면, 음성, 이동하는 것, 빛의 밝기, 소리의 높낮이나 크기, 바람의 세기 등이 있다.

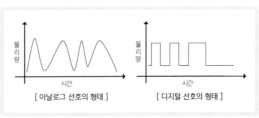

[ 아날로그 선호의 형태 ]     [ 디지털 선호의 형태 ]

┃신호 형태

# 알고리즘

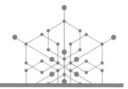

**정의**　알고리즘(algorithm)은 문제 해결을 위한 방법이나 절차들의 집합으로, 프로그램 작성 시 기초적인 자료가 된다.

**해설**　문제를 효과적으로 해결하기 위해서는 문제의 특징을 구조화하고 체계적으로 접근해야 한다. 이를 위해 문제를 분석하는 과정이 필요하다. 문제 분석은 해결해야 하는 문제를 명확히 정의하고 문제가 발생하게 된 원인을 비교·분석해야 한다.

문제 분석이 끝나면 문제를 해결하기 위한 방법이나 절차를 찾아야 한다. 이를 알고리즘 설계라 한다. 알고리즘을 설계하는 방법은 상향식 설계(bottom-up), 하향식 설계(top-down)로 구분한다.

- 상향식 설계(bottom-up): 세분화된 작은 문제 해결 방법을 나열하고, 기능적으로 유사한 방법을 그룹화하여 관계를 결정함으로써 문제를 해결할 수 있는 방법을 설계

- 하향식 설계(top-down): 해결해야 할 큰 문제를 작은 그룹으로 나누어, 각각의 그룹의 문제 해결 방법을 설계하여 작고 단순한 문제 해결

알고리즘 조건에서 입력은 0개 이상이어야 하고, 출력은 반드시 1개 이상 생성되어야 한다. 문제 해결 단계가 단순 명확해야 하며, 한정된 수의 작업 후에는 반드시 종료해야 하고, 모든 명령들은 실행 가능해야 한다. 또한 모든 형태의 문제에 적용 가능해야 한다.

즉, 알고리즘은 실행의 유한성, 단계의 명확성, 명령의 유효성, 범용성을 가지고 반드시 출력이 있어야 한다는 조건을 가진다.

문제를 구조적으로 해결하기 위해서는 알고리즘을 명확하게 표현해야 한다. 알고리즘을 표현하는 방법은 자연어, 의사 코드, 순서도, 프로그래밍 언어 표현 등이 있다.

- 자연어 표현: 일상생활에서 사용하는 언어나 글로 표현하는 방식으로 표현은 쉬우나 의미 전달이 정확하지 않을 수 있다.

- 순서도 표현: 표준화된 기호를 사용하여 일관성 있게 표현하는 방법으로, 처리 과정과 흐름을 명확하게 이해할 수 있는 장점이 있어 널리 사용한다.

| 기호 | 이름 | 의미 | 기호 | 이름 | 의미 |
|---|---|---|---|---|---|
| | 처리 | 각종 연산 | | 터미널 | 시작과 끝 |
| | 연결자 | 제어 흐름 연결 | | 준비 | 초깃값 지정 |
| | 입출력 | 데이터 입출력 | | 문서 | 문서 입출력 |
| | 조건분기 | 조건에 따른 분기 | | 정의된 처리 | 정의된 처리 |
| | 흐름선 | 제어의 흐름 표시 | | 수동 입력 | 키보드 입력 |

- 의사 코드 표현: 프로그램 언어와 비슷한 형태로 표시하여 프로그래밍 언어로 전환하기 쉽고 특정한 규약에 구애받지 않아 쉽게 작성할 수 있다. 즉, 자연어 표현 방식을 프로그래밍 언어처럼 표현한 방법이다.

- 프로그래밍 언어 표현: 알고리즘을 프로그래밍 언어로 직접 표현하는 방법으로, 작은 단위의 작업들을 프로그래머가 직접 코딩하는 방법이다.

알고리즘은 문제 해결을 위한 계산 시간, 사용하는 메모리 비용 등을 효율적으로 사용하는 알고리즘을 작성하기 위해 효율성(efficiency)을 분석한다.

효율성 분석은 알고리즘이 사용한 연산의 수에 따른 계산 시간의 복잡도(time complexity)와 컴퓨터 메모리 사용에 따른 공간 복잡도(space complexity)로 나눌 수 있는데 주된 효율성 척도는 문제 해결의 속도, 즉 시간 복잡도를 대상으로 한다.

컴퓨터 공학에서 알고리즘의 예는 순서 리스트(ordered list)에서 어떤 원소의 위치 및 존재 유무를 찾는 탐색 알고리즘, 수많은 자료를 특정 목적에 맞게 순서를 갖도록 재배열하는 정렬 알고리즘, 그래프 순회(graph traversal), 그래프 검색(graph search) 방법에 대한 그래프 알고리즘 등이 있다.

## 알고리즘의 어원

알고리즘의 어원은 9세기경 페르시아의 천문학자이자 수학자인 아부자파 모하메드 이븐 무사 알콰리즈미(al-Khowarizmi)의 이름에서 유래되었다. 그는 대수학 저서 『복원과 대비의 계산』에서 1차 방정식, 2차 방정식의 해석적인 해법 및 기하학적 해석 방법을 제시했다. 이 저서는 인도의 수학을 아랍인과 유럽인에게 전파했고, 특히 유럽에서 논리적인 순서를 뜻하는 '알고리즘'이라는 말이 생겨나게 했다.

수학적 용어는 문제를 해결하기 위한 유한 번의 과정이라는 의미로 사용되고 문제를 해결하기 위해 사용 가능한 정확한 방법으로 명확성, 효율성, 입력, 출력, 종결성의 조건을 만족해야 한다.

# 옴의 법칙

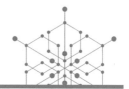

**정의** 옴의 법칙(Ohm's law)은 도선에 흐르는 전류는 전압에 비례
하고, 저항에 반비례한다는 것이다.

**해설** 1A(암페어)의 전류는 1초에 1C의 전하량이 지나가는 전류
의 세기로 전류의 방향은 1830년 마이클 패러데이는 전해전
도 실험에서 계속하여 새로운 은 원자를 제공하는 은막대를 양극
(anode), 원자가 축적되는 강철 쪽을 음극(cathode)으로 정의하고 전
류가 양극에서 음극으로 흐른다고 보았다. 이에 따라 전류가 양(+)극
에서 음(-)극으로 흐른다고 가정하고 전기 법칙을 완성했는데 전류가
실제로는 음극에서 양극으로 이동하는 전자의 흐름이라는 것이 밝혀
진 오늘날에도 전류의 방향은 실제 전자의 운동과는 반대로 여전히
양극에서 음극으로 흐르는 것으로 정의된다. 즉, 전류는 단위시간당
도체 내에서 전자 또는 전하의 이동으로 일을 하는 원동력이 된다.
1V(볼트)의 전압은 1쿨롱(C)의 전기량이 1J의 일을 할 수 있는 전기

에너지로 전압(전위차)은 전기의 위치 에너지 차이, 즉 전류를 흐르게 하는 힘을 말한다.

기전력은 전압과 같은 의미로 사용되고 단위가 [V]이고 전기를 일으키는 힘으로 다른 형태의 에너지를 전기 에너지로 바꾸어 일정 전위차를 지속적으로 만들어낼 수 있는 전원을 의미한다.

저항(R)은 전기 에너지를 소비하는 모든 장치로 전류의 흐름을 방해(제어)하는 힘으로 단위로 옴($\Omega$)을 사용한다. 전선의 저항은 단면적(굵기)에 반비례(반대로 반응)하고 길이가 커지면 저항도 커지는 정비례한다.

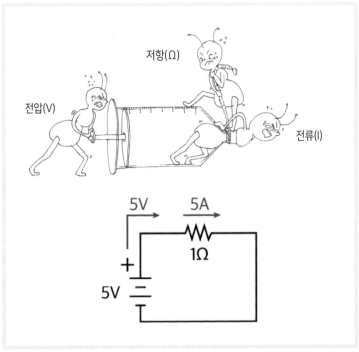

| 옴의 법칙

## 게오르크 옴

전압과 전류 그리고 저항 사이의 관계를 나타내는 옴의 법칙을 알아낸 사람은 독일의 게오르크 옴(Georg Simon Ohm, 1789~1854)이다. 옴은 볼타 전지에 연결된 도선 사이에 흐르는 전류의 세기를 바늘을 비틀림 저울에 매달아 측정하고 전류의 세기와 도선의 길이 사이의 관계를 알아보는 실험을 했다. 1827년에 실험 자료들을 정리하여 『수학적으로 분석한 갈바니 회로』라는 책을 통해 "도선에 흐르는 전류는 전압에 비례하고 저항에 반비례한다"는 옴의 법칙을 발표했다.

전압과 전류의 관계를 수학적으로 접근한 옴의 법칙은 독일에서 전압과 전류가 서로 관계가 없는 전혀 다른 양상이라는 생각을 가진 과학자들에 의해 강력한 반론에 부딪혔다. 그러나 미국의 헨리(Joseph Henry)는 옴이 전기 회로 주변에 남아 있던 모든 혼란을 제거했다고 평가했고, 1833년 뉘른베르크 대학 교수가 되었다. 프랑스의 과학아카데미를 통해 영국 학자들에게 옴의 업적이 알려져 1841년에 영국 왕립협회는 그의 업적을 기리기 위해 최고의 영예인 코플리 메달을 수여했다.

# 운영체제

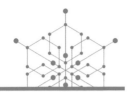

**정의**   운영체제(運營體制, operating system)는 사용자가 컴퓨터를 편리하고 효율적으로 사용할 수 있도록 도와주는 프로그램 그룹, 즉 컴퓨터 하드웨어와 소프트웨어를 관리하고 제어하는 관리자를 말한다.

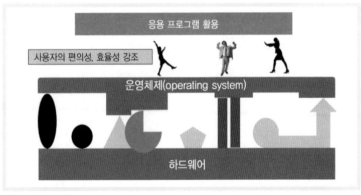

| 운영체제의 개요

운영체제의 목적은 사용자의 편의성 제공, 시스템의 효율성 향상(처리 능력의 증대, 응답 시간의 단축, 사용 가능도 증가, 신뢰도 향상)을 들 수 있다.

개인용 컴퓨터에서의 역할은 사용자 인터페이스 제공, 자원 관리, 프로세스 관리, 기억장치 관리, 입출력장치 관리, 파일 관리, 네트워크 관리 등이 있다.

운영체제의 구성은 크게 제어(control) 프로그램과 처리(process) 프로그램으로 구분한다.

제어 프로그램에는 감독 프로그램과 관리 프로그램이 있다.

■ 감독(supervisor) 프로그램

프로그램의 실행, 처리, 흐름 전체를 관리 감독

■ 작업관리(job management) 프로그램

프로그램의 실행을 위한 준비, CPU(시스템) 스케줄링 및 자원의 할당

■ 데이터 관리(data management) 프로그램

데이터 전송과 수정, 삭제, 저장 및 파일 관리

처리 프로그램은 언어 번역 프로그램, 서비스 프로그램으로 구성되어 있다.

■ 언어번역 프로그램

사용자가 작성한 프로그램(명령어 집합)을 컴퓨터가 이해하고 실행할 수 있는 기계어로 바꿔주는 프로그램으로 컴파일러, 인터프리터, 어셈블러로 구분한다.

■ 서비스 프로그램

컴퓨터를 효율적으로 사용할 수 있도록 도와주는 프로그램으로 유틸리티, 라이브러리 프로그램 등이 있다.

운영체제는 하나뿐인 CPU와 메모리를 효율적으로 사용하기 위하여 일괄처리(batch processing), 시분할처리(time-sharing processing), 실시간처리 (real time processing), 분산처리(distributed processing) 시스템의 단계를 거쳐 발달했다.

## ✅ 일괄처리 시스템

컴퓨터 하드웨어의 유휴(대기)시간을 줄이기 위해 유사한 요구를 하는 작업을 모아서 사용자와 상호작용 없이 순차적 하나씩 실행하여 하드웨어의 효율성을 높이기 위한 초기의 시도다.

- 다중 프로그래밍: 하나의 CPU에 두 개 이상의 프로그램을 적재하여 실행하는 방식으로 하나의 프로그램이 입출력을 요구할 때 (CPU에 의해 처리가 필요하지 않는 경우) 다른 프로그램이 CPU를 획득하여 프로그램을 수행하는 형태로, 컴퓨터의 처리능력(throughput)을 최대화하기 위해 배치 처리 방식에서 사용했다.

- 다중처리 시스템: 하나의 컴퓨터에 둘 이상의 CPU를 사용하여 프로그램을 처리하는 방식을 말한다. CPU를 공유하여 작업하므로 병렬 처리가 가능해 속도가 빠르고, 두 개의 CPU를 사용하여 안정성이 높다.

## ✅ 시분할처리 시스템

CPU 스케줄링과 다중 프로그래밍을 이용해서 컴퓨터 자원 활용시간을 분할(타임 슬롯)하여 사용자들에게 배분하는 방법으로 타임 슬롯이 매우 짧아 사용자는 컴퓨터를 독점하고 있는 것처럼 느낀다.

| CPU 타임<br>(타임 슬라이스)<br>10~100ms | 100ms | 100ms | 100ms | 100ms | 100ms | 100ms | 100ms |
|---|---|---|---|---|---|---|---|
| 시분할처리 | A | B | C | D | A | B | C |
| | 정해진 0.1초의 시간이 지나면 다음 프로그램 실행 | | | | | | |
| 다중 프로그래밍 | A | | | B | | | C |
| | CPU 처리가 끝나면 혹은 입출력 요청 시 사용권을 B에<br>게로 넘긴다. | | | | | | |

두 가지 방법을 비교해보면 다중 프로그래밍은 실행 중인 프로그램이 CPU의 처리를 필요로 하지 않을 때 다음 프로그램으로 CPU 사용권을 넘겨 컴퓨터의 처리 능력을 최대화하기 위한 목적으로 사용되었다.

시분할처리는 프로그램의 실행을 정해진 CPU 시간(타임 슬라이스)만큼만 하고 시간이 지나면 무조건 다음 프로그램에게 CPU 사용권을 넘기고 다시 자신의 차례가 될 때까지 기다리는 방식으로 처리하여 사용자들은 컴퓨터를 독점하듯이 사용하고 응답 시간이 짧다.

CPU 사용권인 타임 슬라이스를 각각의 사용자에게 돌아가면서 배분하는 방식을 라운드 로빈 스케줄링(RR: round robin scheduling)이라 한다. 다시 말하면 CPU를 할당하는 방식의 CPU 스케줄링 알고리즘의 하나로 프로세스들 사이에 우선순위를 두지 않고, 순서대로 타임 슬라이스(10~100ms)를 배정하는 선점형 스케줄링이다.

- 선점형 스케줄링: 타임 슬라이스(10ms)를 모두 사용했거나, 인터럽트가 발생했을 때 현재의 프로세스가 갖는 CPU 사용권을 강제로 회수하는 것을 말한다.

- 인터럽트: 프로그램 수행 중(프로세스) 예기치 않은 일이 발생했을 때 CPU가 현재 수행 중인 프로그램을 중단하고 상태를 저장

한 후 인터럽트 서비스 루틴으로 발생한 문제를 처리하고 저장된 데이터를 사용하여 복귀하고 수행 중인 프로그램을 다시 수행하는 과정을 말한다.

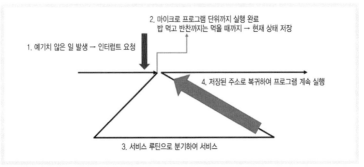

2. 마이크로 프로그램 단위까지 실행 완료
밥 먹고 반찬까지는 먹을 때까지 → 현재 상태 저장

1. 예기치 않은 일 발생 → 인터럽트 요청

4. 저장된 주소로 복귀하여 프로그램 계속 실행

3. 서비스 루틴으로 분기하여 서비스

| 인터럽트 처리 단계

- 프로세스: 보조기억장치인 하드디스크에 저장된 실행 코드는 프로그램이라 하고 현재 CPU를 할당받아 실행중인 프로그램 또는 실행하기 위해(CPU를 할당받기 위해) 주기억장치에서 기다리는 프로그램 또는 프로그램의 분할된 작업 단위를 프로세스 또는 JOB(작업)이라고 한다.

✅ 실시간처리 시스템

자료가 발생할 때마다 온라인으로 연결하여 데이터를 처리하고 결과를 즉시 받는 방법으로, 처리 시간의 단축 및 비용 절감의 효과가 있다.

✅ 분산처리 시스템

지역적으로 분산된 여러 대의 컴퓨터를 통신회선으로 처리하는 방식으로, 연산 속도와 신뢰도를 향상시키고 컴퓨터 시스템 자원을 효율적으로 공유하고 이용하는 효과가 있다.

## 운영체제 현황

생.
각.
거.
리.

운영체제의 목적에 대한 변화는 초기(1972)에는 하드웨어 환경이 열악하여 각종 자원을 통제함으로써 효율적인 사용에 중점을 두었으나 이후에는 하드웨어의 발달에 따라 사용자의 편의성을 구현하기 위해 다양한 시도들이 이루어지고, 그중에서도 큰 전환점은 GUI 환경의 사용자 인터페이스를 가진 윈도우의 출현이다. 현재 많이 사용하고 있는 운영체제는 윈도우, 맥OS, 유닉스, 리눅스, 임베디드 OS 등을 들 수 있으며, 개인용 컴퓨터의 운영체제는 윈도우, 리눅스, 맥 OS 등을 들 수 있고 다중사용자(서버)용 운영체제는 유닉스, 리눅스 등을 들 수 있다.

스마트폰에 들어가는 운영체제는 구글 진영의 안드로이드(삼성, LG 등)와 애플의 iOS, 삼성전자가 인텔과 협력해 개발하고 있는 타이젠(Tizen) 등이 있다.

타이젠은 2012년부터 삼성전자와 인텔이 주축이 되어 개발하기 시작한 OS로, 휴대폰  및 휴대용 기기뿐만 아니라 삼성의 생활가전(TV, 냉장고)에 적용하여 사물인터넷의 플랫폼으로 활용할 목적으로 개발되어 버전업되고 있는 오픈소스 모바일 운영체제다. 2015년 신흥시장의 저가 모델로 인도 및 방글라데시에서 타이젠 스마트폰(Z1)이 출시되었다. 점유율은 저조한 상태지만 삼성은 국제전자제품박람회 CES 2017에서 타이젠 기반 웨어러블용 모바일 통합 보안 솔루션(EMM)을 공개하여 타이젠을 활용하는 방안을 넓히기 위해 고심 중이다.

현재 사용 중인 운영체제의 비율은 http://gs.statcounter.com/에서 확인할 수 있으며, 모든 기기를 통틀어서 보면 모바일 운영체제인 안드로이드가 약 75.6%를 차지하고, 모바일을 제외한 데스크톱이나 태블릿 등의 운영체제는 윈도우7이 약 47%를 차지하고 있다.

# 웹 기술

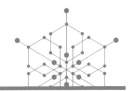

웹(World Wide Web) 기술은 하이퍼텍스트 기술을 이용하여 멀티미디어 데이터를 공유하는 소프트웨어 기술을 말한다.

CERN(유럽입자물리공동연구소)의 연구원 팀 버너스리(Tim Berners-Lee)는 1989년 연구원들이 공통의 하드웨어나 소프트웨어 없이도 하이퍼텍스트 기술을 이용하여 자료를 검색하고 공유할 수 있는 월드와이드웹(WWW)이라는 소프트웨어를 개발했다. 1993년 CERN은 이사회 결의로 월드와이드웹을 누구나 무료로 사용할 수 있도록 개방하여 인터넷의 확장에 결정적으로 기여했다.

웹은 문서에 포함된 하이퍼링크를 통해 필요한 부분을 직접 참조할 수 있는 개념을 도입하여 비선형적인 구조의 정보 전달 체계를 구성했다.

1990년대 인터넷이 등장하면서 시작된 웹 1.0은 제작자가 만든 웹페이지에서 제공하는 서비스와 데이터를 검색하고 활용하는 개념으로 컴퓨터의 처리 속도가 느리고 네트워크의 대역폭이 충분하지 않아 멀티미디어 데이터 제공보다는 하이퍼링크를 갖는 텍스트가 주된 형태였다.

2000년대 초 네트워크의 확장에 따라 웹 사용자들은 웹 콘텐츠를 생산하고 소비하는 프로슈머의 역할을 하기 시작했다. 웹 2.0은 2004년 O'Reilly Media와 MediaLive International의 컨퍼런스에서 닷컴 붕괴 이후 생존한 유튜브, 위키피디아, 페이스북 등의 회사들의 공통점을 표현하는 개념으로 웹 2.0을 제안했다. 이들 회사는 사용자에게 도구를 제공하여 제작된 콘텐츠를 통해 자유롭게 상호작용할 수 있는 환경에서 부가가치를 창출하는 특징이 있다.

웹 2.0은 사용자 중심의 개방된 플랫폼에서 정보의 개방을 통해 인터넷 사용자들 간의 정보 공유와 참여를 이끌어내고, 이를 통해 정보의 가치를 지속적으로 증대시키는 개방, 참여, 공유로 정의할 수 있다. 이는 기술의 발전보다는 웹 환경을 바라보는 시각의 변화에서 찾을 수 있다.

✅ 웹 2.0의 특징

1️⃣ 데이터를 소유하지 않고 사용자들이 데이터를 수정하거나 활용이 가능한 플랫폼을 제공하는 공유(sharing)와 개방성(openness)이다.

2️⃣ 정보의 가치를 지속적으로 증대시키는 개방과 공유는 정보와 정보, 사람과 사람 간의 연결성을 향상시킨다.

3️⃣ 사용자 간 참여와 상호작용에 의해 정보가 생성되고, 이용자 집단의 능동적인 참여와 공유를 통한 웹 콘텐츠 생산과 새로운 가치를 창출하는 집단지성(collective intelligence)이 매우 중요한 특징이다.

2006년 11월, 『뉴욕타임스』에 컴퓨터가 정보 자원의 뜻을 이해하고,

논리적 추론까지 할 수 있는 지능형 기술을 의미하는 시맨틱 웹 기반의 Web 3.0을 소개했다.

1998년 팀 버너스 리가 제안한 시맨틱 웹은 정보와 자원 사이의 관계 ─의미 정보(semanteme)를 컴퓨터가 처리할 수 있는 온톨로지로 구조화하여 자동화된 기계가 처리하도록 하는 프레임워크다.

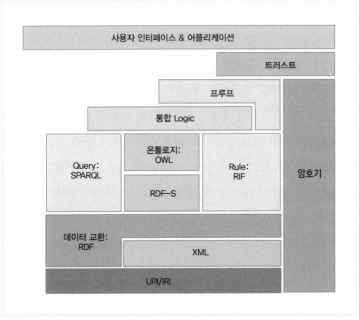

| 시맨틱 웹 기술의 계층 구조

즉, Web 3.0은 컴퓨터가 상황을 인식하고, 정보를 이해하고 가공해, 새로운 정보를 만들고, 데이터 간의 통신으로 이미 구축된 다양한 데이터와 이용자의 패턴을 추론하여 특정 사용자에게 맞춤형 서비스를 제공하여 개인 비서의 역할을 하는 지능형 웹을 의미한다.

예를 들어 여행지를 검색한다면 웹 2.0 시스템에서는 다른 사람들이 남겨놓은 수많은 여행 후기, 댓글 목록들을 보게 되지만, 웹 3.0은 여행 후기나 댓글들을 가치 순서에 따라 정렬하여 가장 적합한 결과를 얻게 된다. 즉, 문서의 연결(웹 2.0)에서 벗어나 데이터가 연결된 웹을 의미한다.

### 웹의 진화

생.
각.
거.
리.

웹 1.0은 방송이나 신문처럼 단방향적인 정보가 개발자에 의해 제공되는 정보를 소비하는 개발자와 소비자의 관계를 유지하는 웹 콘텐츠가 주를 이루었다면, 웹 2.0은 공유, 개방을 통한 자발적인 참여를 가능하게 하는 플랫폼으로서의 웹(Web as platform)으로 진화했다. 즉, 사용자의 자발적인 참여에 의해 생산한 데이터의 연결고리(데이터와 사람, 데이터와 데이터)를 새롭게 구축하여 수많은 정보를 링크 순으로 나열해주는 것이다.

웹 3.0은 정보의 과잉생산으로 정보의 선별 및 가공이 중요한 과제로 떠올라 상황인식을 통해 구축된 데이터를 사용자나 기계의 요구에 따라 재배치하고 의미를 바꾸어 개인 맞춤형 서비스를 제공해주는 것이다.

| 구분 | Web 1.0 | Web 2.0 | Web 3.0 |
|------|---------|---------|---------|
| 시기 | 인터넷 등장 | 닷컴 붕괴 이후 | 2010 ~ |
| 키워드 | 접속 | 참여, 공유 개방 | 상황인식 |
| 정보의 가치 | 생산자 제공 정보 | 이용자=생산+소비 | 지능화된 웹 개인 맞춤형 서비스 제공 |
| 정보이용자 | 인간 | 인간 | 인간, 기계(컴퓨터) |
| 핵심역량 | 규모의 경제 | 소셜네트워크 (social network) | 시맨틱 웹 고속 인터넷 |

# 웹브라우저

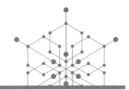

**정의** 웹브라우저(web browser)는 인터넷에 접속하여 웹서비스를 이용할 수 있도록 정보 검색을 위해 사용하는 프로그램이다.

**해설** 웹브라우저는 멀티미디어 데이터를 검색하는 프로그램으로, web+browser의 합성어로 하이퍼링크로 연결된 멀티미디어 데이터와 대강 읽는 사람의 의미를 가진다.

즉, 인터넷에 접속하여 하이퍼링크로 연결된 멀티미디어 데이터를 검색하는 프로그램으로 볼 수 있고, 우리가 흔히 사용하는 웹브라우저에는 마이크로소프트의 인터넷 익스플로러, 크롬, 파이어 폭스, 사파리, 오페라 등이 있으며, 최근의 세계적 추세는 최소한의 기능으로 빠른 속도를 구현하고 사용자가 자신의 특성에 맞는 앱을 사용할 수 있도록 배려한 구글의 크롬 브라우저가 사용자층을 늘려가고 있다. 국내 통계는 http://www.koreahtml5.kr/에서, 전 세계 통계는 http://gs.statcounter.com/에서 확인할 수 있다.

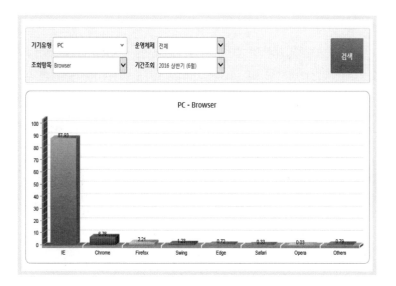

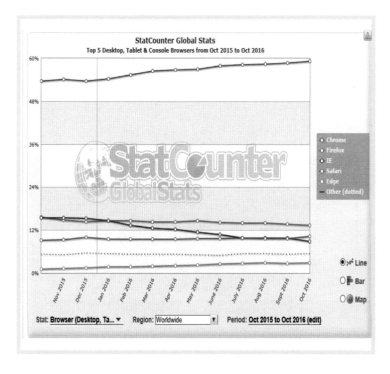

## 웹의 역사

웹의 생성과 확산에 결정적인 역할을 한 유럽입자물리연구소 (CERN)의 연구원 팀 버너스리(Tim Berners-Lee)는 1989년 월드와이드웹(WWW)을 제안하고 완성하여 전 세계 사람들이 편리하게 사용할 수 있도록 공개하여 인터넷의 확산에 결정적인 역할을 했다.

웹의 역사는 사실상 제2차 세계대전이 끝나가는 1945년 매사추세츠공대(MIT) 버니바 부시(Vannevar Bush) 교수가 『The Atlantic Monthly』지에 기고한 「우리가 생각한 대로(As We May Think)」라는 글에서 지금까지 과학은 파괴적인 일에 쓰였지만, 이제는 평화를 위해 쓰여야 한다고 강조하고, 이를 위해 전문화되고 급속도로 늘어나는 지식과 정보를 체계적으로 기록하고 정리하여 사용할 수 있는 기술로 "메멕스(memex: memory extension)"라는 가상의 장치를 제안하면서 인류가 가지고 있는 정보를 모아서 누구나, 언제나, 어디서나, 쉽게 접근할 수 있게 하여 유용하게 사용하자고 주장했다.

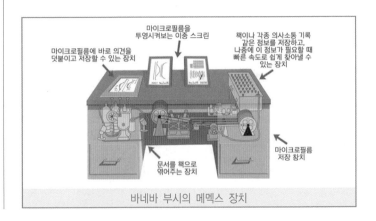

바네바 부시의 메멕스 장치

마이크로필름 형태로 정보를 저장해두고 필요할 때 이를 불러와 정보를 획득·수정할 수 있는 장치로, 아이디어에 그쳤지만 훗날 하이퍼텍스트와 인터넷의 발전에 큰 영향을 주었다.

1960년대 옥스퍼드 대학교의 사회학자이자 철학자인 테드 넬슨(Ted Nelson)은 제나두 프로젝트(Project Xanadu)를 진행하면서 한 문서에서 링크를 통해 다른 문서에 접근할 수 있는 하이퍼텍스트(hypertext)를 고안했다.

특정 단어를 통해 현재 웹페이지에 들어오거나, 현재 페이지에 있는 링크를 통해 원래 페이지로 돌아가는 것이 가능한 지그재그(ZigZag)라는 데이터 교차연결 구조를 1965년에 구상했다.

팀 버너스리(Tim Berners-Lee)는 제2차 세계대전 이후 미국의 과학기술을 따라잡기 위해 1953년 9월 만든 유럽입자물리연구소(CERN: Conseil Européen pour la Recherche Nucleaire)에 1980년에 계약직 프로그래머로 근무하면서 연구원들이 실험에서 얻은 특정 연구 분야의 자료를 연구원들끼리 이메일을 사용하여 공유하는 것을 보고 좀 더 쉬운 방법을 고민하던 중 테드 넬슨(Ted Nelson), 더글라스 엥겔바트(Douglas Engelbart) 등이 주장한 하이퍼텍스트를 사용하는 프로그램을 파스칼 언어로 작성했다.

특정 정보 단위와 다른 정보 단위와의 연관 관계를 데이터베이스에 '카드' 형식으로 저장하고, 링크를 통해 서로 다른 카드를 연결하여 다양한 관계를 설명하는 '인콰이어(ENQUIRE)'라는 소프트웨어를 개발했다.

본인 컴퓨터의 사양 등에 제한받지 않고 누구든 특정 정보를 담은 문서를 카드 형식으로 만들어 하이퍼텍스트로 추가할 수 있는 장점이 있었으나 이미 존재하는 카드와 연결해야 하고 기존의 카드도 갱신해야 하는 단점과 데이터베이스 외부에 있는 정보를 참조할 수 없는 단점으로 인해 실패했다.

계약을 마치고 떠났다가 1984년에 과학 데이터의 확보를 위한 분산형 실시간 시스템을 연구하고 CERN의 프로세스와 시스템을 제어하기 위한 목적으로 연구원 자격으로 근무하면서 1989년 상사인 마이크 센달에게 '메시(Mesh)'라는 글로벌 하이퍼텍스트 프로젝트, 즉 컴퓨터 네트워크를 통해 분산 가능하며, 운영 체제에 관계없이 CERN에서 사용하는 어느 컴퓨터에서나 실행 가능한 개방형 아키텍처가 적용된 공유 정보를 생성하는 방법(World Wide Web)을 제안했으나 받아들여지지 않았다. 센달 팀장은 제안을 받아들이지 않는 대신 팀에게 최첨단 애플의 넥스트 컴퓨터를 사주었다.

1990년에 팀은 최초의 웹 서버용 코드인 'httpd'를 개발하고 HTML 문서와 넥스트 스텝 운용체계(OS)에서 동작하는 메뉴 중심이던 기존의 인터넷에서 벗어나 URL과 HTML, HTTP 기능을 가지고 정보를 쉽게 검색하고 게시할 수 있는 월드와이드웹(World Wide Web) 브라우저를 개발하여 CERN 내부에서 사용했다.

1991년 8월 6일에 팀은 유즈넷의 한 뉴스 그룹을 통해 이 프로젝트에 대해 알리면서 인터넷에 월드와이드웹과 기본 소프트웨어를 공개하면서 대중화를 이끌었고, 이 날을 웹의 탄생일로 기념하기 시작했다.

1993년 4월 CERN은 이사회 결의로 "누구나 자유로이 웹 기술을 사용할 수 있으며 CERN에 어떤 비용도 지불할 필요가 없다"는 말로 월드와이드웹을 누구나 무료로 사용할 수 있도록 개방하고 문서로 공표했다.

그해 앤드리슨과 에릭 비나가 만든 NCSA에서 개발한 웹브라우저 모자이크는 멀티미디어 서비스를 이용할 수 있어서 월드와이드웹이 폭발적으로 성장하는 계기를 마련했다.

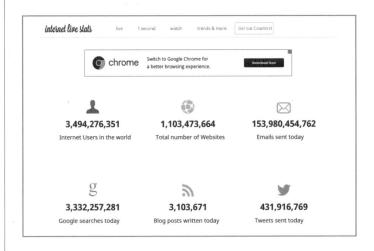

1993년 6월 당시에 웹사이트는 전 세계를 통틀어 130개에 불과했지만, 월드와이드웹을 무료로 개방한 이후 1994년에는 웹사이트가 2,400개를 넘어섰고, 2016년 11월 6일 현재 http://www.internetlivestats.com/에서 알아본 결과 11억여 개로 추정되고 지금도 계속 증가하고 있다.

팀은 1994년에 CERN에서 나와 MIT 컴퓨터과학연구소로 옮겼고, 웹의 미래를 논의하고 새로운 규약에 합의하는 목적으로

설립된 월드와이드웹 컨소시엄(W3C, World Wide Web Consortium)
의 소장이 되었다.

세계적인 정보 공유 공간을 열어 본격적인 인터넷 시대 개막을
알린 사람이 바로 월드와이드웹의 창시자 팀 버너스 리(Tim
Berners-Lee)다.

■ 제나두 프로젝트(Project Xanadu)
간편한 사용 환경과 컴퓨터 네트워크를 바탕으로 다양한 버전의
문서를 취합해 새로운 문서를 만들고, 원본과 함께 비교해볼 수
있는 워드 프로세서를 개발하는 것을 목표로 1960년 개발을 시작
하여 54년 만인 2014년에 그동안 진행한 결과물을 오픈제나두
(OpenXanadu)라는 소프트웨어로 발표했다(http://www.xanadu.com/).
오픈제나두는 사용자가 텍스트를 눌러 레퍼런스를 참조하거나
참조하기 용이한 문서를 만들 수 있는 소프트웨어로 넬슨은
2000년 자신의 홈페이지를 통해 제나두는 어떤 변화에도 링크가

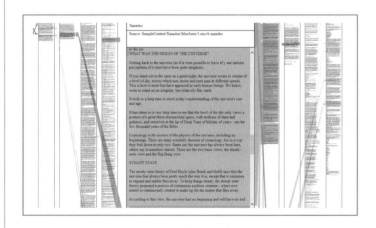

손상될 수 없기 때문에 완전한 자료가 될 수 있고, 이 시스템이 여러 문장을 면밀하게 비교하며 모든 텍스트의 인용 출처를 볼 수 있다고 밝혔다. 이런 특징 때문에 문학이나 법률, 비즈니스 등 모든 면에서 친절한 저작권 시스템이 될 수 있다는 설명이다.

오픈제나두로 텍스트를 보면 화면 가운데에는 원문 텍스트, 좌우에는 4열씩 원문 출처가 나온다. 원본 페이지와 이를 바탕으로 만들어진 페이지 사이를 오갈 수도 있다. 사용자는 스페이스와 십자 키를 이용해 소프트웨어를 조작한다.

# 유비쿼터스

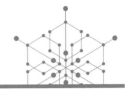

**정의**  유비쿼터스(ubiquitous)는 라틴어 'ubique'가 어원으로, "동시에 어디에나 존재하는, 편재하는"이라는 의미다. 시간과 장소에 구애받지 않고(시공간을 초월하여) 네트워크에 접속하여 각종 서비스를 활용할 수 있는 환경을 의미한다.

**해설**  1974년 컴퓨터 과학자 네그로폰테(Nicholas Negroponte, MIT 교수)가 "우리는 유비쿼터스적이고 분산된 형태의 컴퓨터를 보게 될 것이다. 아마 컴퓨터라는 것이 장난감, 아이스박스, 자전거 등 가정 내 모든 물건과 공간에 존재하게 될 것"이라고 언급하면서 지금의 유비쿼터스 컴퓨팅 환경을 처음으로 이야기했다.

마크 와이저는 사람과 사물 간에 인터페이스가 어떤 거부감도 없이 자연스럽게 연결될 수 있게 하는 기술을 생각하며 인간과 컴퓨터 그리고 네트워크가 서로 조화되어 나타날 지극히 인간적인 컴퓨팅 기술에 대해 고민하던 중 1988년 유비쿼터스 컴퓨팅(ubiquitous computing)

이라는 용어를 사용했다.

1991년에 과학 저널 『Scientific American』에 실은 논문 「21세기를 위한 컴퓨터(The computer for the 21st Century)」에서 유비쿼터스 컴퓨팅을 통해 대부분의 일상 용품에 컴퓨터 장치가 들어가게 된다는 유비쿼터스 컴퓨팅 개념을 제시했다.

유비쿼터스 컴퓨팅은 인간 중심의 컴퓨팅 기술로, 컴퓨터와 센서가 현실 세계의 곳곳에 존재하나 사용자는 그 존재를 인식하지 못하고 언제, 어디서나 시·공간에 구애받지 않고 자연스럽게 서비스 받을 수 있는 컴퓨팅 환경을 뜻한다.

이러한 유비쿼터스 환경에서는 다양한 센서가 존재하고 이들 센서 간의 네트워크(USN: ubiquitous sensor network)가 중요하다.

유비쿼터스 컴퓨팅은 인간이 언제, 어디서나 무슨 기기를 통해서도 컴퓨터를 사용할 수 있는 것을 말하는 용어다. 따라서 핵심은 네트워크와의 연결, 이동성, 인간 중심이다. 기본 원리는 다음과 같다.

- 언제, 어디서나 무선 네트워크에 접속 가능해야 한다.
- 사용자가 의식하지 않고 최신 정보를 이용할 수 있어야 한다.
- 현실세계 어디서나 컴퓨터 사용이 가능해야 한다.
- 무선 인터넷과 증강현실(augmented reality) 기술을 활용한다.

이러한 원리를 구현하기 위한 기술은 다음과 같다.

- 다양한 변화를 실시간으로 입력받을 수 있는 센싱 기술
- 센서의 입력을 수집할 수 있는 네트워크 기술(IPv6)
- 정보 보안, 신호를 처리하는 프로세서 기술
- 사용자에게 편안함을 제공하는 인체공학적인 웨어러블 디바이스

유비쿼터스

## 유비쿼터스 세상

유비쿼터스 환경에서의 생활을 살펴보면 냉장고는 음식물 보관 및 가족의 식생활 패턴을 분석하여 가족이 즐겨 먹으면서 각종 영양소를 골고루 섭취할 수 있는 식단을 준비해 스스로 인터넷 쇼핑몰(로컬푸트)에 접속하여 주문하고 결제까지 처리하는 네트워크가 가능한 냉장고로 진화한다.

오븐이나 전자레인지는 주어진 요리 외에 사용자의 요구에 따른 요리를 인터넷에 접속하여 원하는 정보를 검색한 후 스스로 음식을 조리한다.

화장실 변기는 소변 및 대변의 성분을 분석하여 그 사람의 건강 상태를 확인하여 주치의에게 알려준다. 집안의 다양한 사물들이 네트워크에 연결되어 사용자의 실생활에 도움을 줄 것이다.

자동차의 타이어는 공기압의 변화와 마모 상태를 운전자에게 실시간으로 알려주어 타이어로 인한 사고를 방지할 수 있도록 하고 있다.

유비쿼터스 컴퓨팅 시대의 도래에 대해 노무라연구소는 유비쿼터스 네트워크를 세 단계—P2P(Person To Person), P2O(Person To Object), O2O(Object To Object)—로 나누고 O2O 단계에서 실현될 수 있을 것으로 전망한다.

한국 정부가 2000년대 들어 추진한 사업 중 하나로, 유비쿼터스 시티를 U-City라고 부른다. 2016년부터는 '스마트 도시'라고 바꿔 부르기 시작했다.

많은 나라와 기업들이 한때 유비쿼터스를 외치며 보편적 상용화에 노력했으나 스마트폰의 폭발적 보급으로 컴퓨터 활용이 가능해짐으로써 유비쿼터스의 확장된 개념으로 사물인터넷이 활용되고 있다.

이러한 유비쿼터스의 단점은 다음과 같다.

- 개인의 프라이버시 침해 문제: 개인 정보를 사용자의 승인 없이 획득하는 것(냉장고 음식, 건강 정보 등), RFID 태그 정보 해킹
- 정보 격차 심화, 보편적 정보 접근권의 침해
- 시스템 자체의 취약성, 해킹 등 유비쿼터스 관련 범죄
- 인간의 기계 의존도 심화, 유비쿼터스 중독

# 정보화 사회

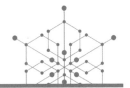

**정의**   정보화 사회(情報化社會, information society)는 컴퓨터와 정보통신기술이 융합된 네트워크 사회로, 정보를 효율적으로 수집·처리·유통하여 정보의 가치가 사회 및 경제의 중심이 되는 사회를 말한다.

**해설**   정보사회 개념은 산업사회와 후기산업사회의 차별성을 강조하는, 다니엘 벨(Daniel Bell)로 대표되는 후기 산업사회론자들에 의해서 인류 역사의 변천이 사회의 재화 및 재화의 생산 방식에 따라 수렵·채취사회에서 농경사회로 산업혁명에 의한 산업사회로 발전해 왔으며, 새롭게 시작될 변화와 사회의 단계를 후기산업사회 또는 정보사회라 표현했다.

미래학자 앨빈 토플러는 그의 저서 『제3의 물결』에서 수렵 채집에서 벗어나 농경사회로 진입하는 농업 혁명을 첫 번째 물결이라 하고, 두 번째 물결은 고도로 산업화된 사회에서 표준화, 중앙화, 집중화된 생산 시스템을 기반으로 대량생산, 대량분배, 대량소비, 대량교육 등이 실시되는 사회, 세 번째의 제3의 물결은 후기산업사회로 대량화와 획일적인 표준화에서 벗어나 다양성과 지식기반 생산과 변화의 가속을 통한 정보화 사회의 도래를 이야기했다.

정보화 사회는 다음과 같이 다양한 관점에서 정의되고 있다.

기술적 관점에서는 발전된 컴퓨터와 통신기술의 결합으로 새로운 노동 방식은 대량생산의 시대에서 주문생산의 시대로 대체되는 사회·경제적 관점, 직업적 관점에서는 정보 관련 산업의 성장과 규모, 정보 업무 관련 직업 구성의 변화로 정보화 사회를 설명하고 있다.

정보사회의 특징은 컴퓨터와 정보통신기술이 융합된 네트워크 사회로 다양한 정보의 유통에 따른 정보량이 증가되고, 정보가 갖는 가치가 사회의 중심 자원으로 이용된다. 사회 전반에 걸친 혁신적인 변화를 통해 사회가 급속히 변화하고 세분화되어, 인간의 삶의 질을 향상시킨다. 또한 자연의 도전 혹은 파괴에서 벗어나 지속적인 녹색성장이 가능하고 하드웨어 중심에서 소프트웨어 중심 사회로의 전환이 이루어진다.

현대 정보사회는 지식과 정보가 경쟁력을 좌우하는 핵심 요소이자 가치 창출의 원천이 되는 사회 지식기반 사회, 정보통신과 과학기술 혁신에 의한 시·공간적 한계를 넘어선 인터넷에 의한 정보 전달로 다양한 형태의 커뮤니케이션이 가능한 네트워크 사회, 정치, 문화, 경제 등 다양한 분야에 걸친 정보화(informationalization, informatization)로 정의되는 사회적 변화가 진행되고 있다.

정보사회의 순기능은 네트워크를 통한 정보 공유 및 의사소통, 교통, 행정, 의료 분야의 통합 시스템 구축, 원격진료, 재택근무에 따른 개인의 창의력 증대, 소통의 증대로 누구나 참여 가능한 민주주의의 실현 등을 들 수 있다.

정보사회의 역기능은 개인정보 침해 및 정보 유출로 인한 사생활 침해, 저작권 위반, 사이버 폭력, 사이버 성매매, 인터넷 중독, 음란·폭력물 등 유해 정보 유통, 인터넷 사기, 정보격차, 사이버 파괴, 외국 문화의 무분별한 유입 등을 들 수 있다.

## ✅ 정보격차

정보격차의 법률적인 의미는 "경제적·지역적·신체적 또는 사회적 여건으로 인하여 정보통신망을 통한 정보통신 서비스에 접근하거나 이용할 수 있는 기회에서의 차이"라고 규정하고 있다. 정보 소외 계층은 경제적 하위 계층, 농어촌지역 거주, 장애인, 여성 등 정보에 접근하기 어려운 계층이고, 정부의 정보격차 해소를 위한 노력으로 정보화 교육 확대, 농어촌 정보화 마을 지정, 초고속 인터넷 회선 증설 등의 양적인 측면의 해결은 이루어지고 있으나, 정보를 수집하고 활용하는 능력의 격차가 여전히 남아 있어 정보격차 해소로 사회적 불평등을 방지하기 위해서는 질적 측면에서의 접근이 필요하다.

## ✅ 개인정보 침해 및 유출

개인정보란 살아 있는 개인에 관한 정보로서 성명, 주민등록번호 및 영상 등을 통해 개인을 알아볼 수 있는 정보(해당 정보만으로는 특정 개인을 알아볼 수 없더라도 다른 정보와 쉽게 결합하여 알아볼 수 있는 것을 포함)를 말한다.

개인정보 유출은 전자상거래, 고객관리, 금융거래 등에서 개인정보 취급자의 부주의나 범행 또는 해킹에 의해 일어나고 있다. 개인정보 유출 사고 위험성은 단순히 개인의 인적사항 노출로 끝나지 않고 유출된 개인정보를 통해 보이스 피싱, 상품 마케팅 등 잠재적으로 다양한 피해가 야기될 수 있다는 데 있다.

## 개인정보 유출 방지

한국인터넷진흥원은 자신의 개인정보 도용 여부를 알아볼 수 있는 주민등록번호 클린센터(http://clean.kisa.or.kr) 서비스를 무료로 제공하고 있다. 개인정보가 유출되었다면 개인정보 침해신고센터(전화 118번) http://privacy.kisa.or.kr 또는 한국인터넷진흥원의 개인정보침해신고센터를 통해 신고할 수 있다.

### ■ 개인정보 유출을 막는 방법

- 회원 가입 시 개인정보 처리 방침 및 이용 약관 꼼꼼히 살피기
- 비밀번호는 정기적으로 바꾸되 문자와 숫자, 특수문자를 사용하여 8자리 이상으로 설정
- 회원 가입은 주민등록번호 대신 I-PIN 사용
- 명의 도용 확인 서비스를 이용하여 가입 정보 확인
- P2P 공유 폴더에 개인정보 저장하지 않기
- 금융거래 등 개인정보가 유출될 수 있는 작업은 PC방에서 하지 않기
- 의심스러운 e-메일 첨부 파일 등 출처가 불명확한 자료는 다운로드 금지
- 개인정보 침해 신고 적극 활용하기

# 증강현실

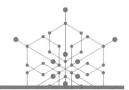

증강현실(增强現實, AR: augmented reality)은 사용자가 눈으로 보는 현실세계에 가상 물체를 겹쳐 보여주는 기술이다. '현실세계+가상사물(정보)=목적에 맞는 부가 정보 제공'은 가상현실의 다른 유형이다.

도쿄 대학 레키모토 주니치 교수는 증강현실의 본질을 "이용자 주변의 상황을 컴퓨터가 인지하여 최적의 정보를 제공하는 '상황 인식 컴퓨팅(Context-Aware Computing)' 실현을 위한 하나의 인터페이스"라고 정의한다.

실제 환경에 3차원 가상사물이나 환경의 정보를 합성하여 실시간으로 부가정보를 보여주는 컴퓨터 그래픽 기법으로, 현실에 3D 가상세계를 합쳐 하나의 영상으로 보여주어 혼합현실(混合現實, MR: mixed reality) 또는 확장현실(擴張現實)이라고도 한다.

**해설** 증강현실은 컴퓨터가 생성한 3D 가상공간과 사용자가 상호
작용하는 가상현실에서 3D 가상공간을 현실세계로 대체하
여 사용자가 현실세계를 바탕으로 가상의 물체와 상호작용함으로써
향상된 현실감을 줄 수 있다. 즉, 사용자가 보고 있는 현실세계 모습
에 3차원의 가상영상을 오버랩하여 보여주는 것이다.

### ✔ 증강현실의 특징
1. 현실과 가상의 결합: 현실 기반의 가상정보 결합
2. 실시간 상호작용: 현실과 가상정보의 위치 및 내용이 유기적으로
   정합되어 제시
3. 가상 콘텐츠 3D 구현으로 상호작용이 가능하도록 실시간으로 처리

|FX 거울: 증강현실 기반 가상 피팅 솔루션

증강현실을 구현하기 위한 요소 기술은 디스플레이 기술, 마커 인식
기술, 영상 합성기술 등이 있다.

### ■ 디스플레이 기술
HMD(head mounted display, 머리에 착용하는 디스플레이)와

non-HMD로 구분한다. 주로 HMD를 사용하지만 이동성 증가, 간편성 등의 사용자 요구에 맞추어 핸드 헬드(hand held)형 디스플레이로 발전하고 있다

디스플레이 기술의 뿌리는 1950년대부터 사용되기 시작한 광 합성기(optical combiner)를 이용하여 전방을 주시한 상태에서 항공기의 운항 정보와 무기의 예상 타격점을 확인할 수 있도록 만든 전투기 조종석의 HUD(head up display)에서 찾아볼 수 있다.

■ 마커 인식 기술

카메라 영상 속에서 위치를 파악하여 그 부분에 가상 객체를 겹쳐넣어서 증강현실을 만들기 위해 현실세계의 영상에서 특정한 사물이나 지점에 대한 3차원 좌표를 확보하기 위해 2대 이상의 카메라가 필요하지만 현실에서는 1대의 카메라만을 사용해야 하기 때문에 마커를 인식하는 기술이 필요하다.

마커는 카메라의 영상을 밝기 정보만 추출하여 흑백 영상으로 만들어 마커로 사용할 만한 영역을 검색하여 정사각형의 영역을 정하고 이를 마커의 이미지로 저장한다.

카메라에서 입력된 영상과 마커의 유사성을 찾아 사각형 영역의 4개의 꼭짓점(3개의 점, 2개의 직선)의 정보를 이용하여 마커의 위치를 파악하고 특정한 사물이나 지점에 대한 상대적인 좌표를 추출하여 화면에 가상공간상의 물체를 그려넣는 작업을 한다.

☞ 마커(marker)는 검정색 바탕의 특이한 색상이나 문양으로 컴퓨터가 인식하기 편리한 임의의 물체를 의미한다.

■ 영상 합성 기술

가상 물체를 입체적인 3차원 공간에 실시간으로 정확한 위치에 이질감 없이 정합시키는 기술로, 정합 시 발생하는 다양한 오차(정적 오

차, 렌더링 오차, 동적 오차)를 해결하기 위해 카메라 교정 장비 및 3차원 위치 센서를 이용한 방법과 시각 기반 기법을 이용하고 있다. 카메라 교정 장비 및 3차원 위치 센서를 이용하는 방법은 고가의 장비 및 제한된 취득 환경을 요구하고, 시각 기반 기법은 촬영된 영상만을 이용해 카메라를 교정하는 기법으로, 사전에 정의된 체크 패턴을 이용하여 카메라를 교정하는 방법이다.

카메라 교정 기술 없이 영상을 합성하는 기술은 사용자가 지정한 4쌍의 대응되는 어파인 기점을 이용해 비디오 영상 내에 가상물체를 합성시키는 방법, 사영(射影, projective) 카메라 모델에서 각 영상의 많은 대응점을 이용하는 방법 등 다각도로 연구되고 있다.

---

## 증강현실 서비스의 다각화

증강현실에 대한 연구의 시작은 1960년대 이반 서덜랜드(Ivan Sutherland)가 최초의 see-through HMD를 개발한 것이라고 보며, 본격적인 시작은 1992년 보잉 사의 톰 코델과 데이비드 미젤이 항공기 전선 조립 과정의 가상 이미지를 실제 화면에 중첩시켜 설명하며 사용했다.

스마트폰 시장의 성장과 함께 확대되고 있는 증강현실 서비스의 종류는 교육 및 훈련 분야, 게임 분야, 방송 및 광고 분야, 의료 분야, 제조 분야 등에 적용되어 사용자에게 현실감 있는 정보를 제공함으로써 정보 전달 효과를 극대화할 수 있는 기술로 주목받고 있다.

- 지역 정보 제공 서비스: 카메라로 주변의 거리를 비추면 해당 위치의 정보가 합성되어 표시됨으로써 매우 직관적인 정보를 얻을 수 있는 서비스

- 실감형 이러닝 기술: 초등 영어, 과학 등의 교과에 증강현실 기술을 접목한 기술로 카메라 영상에 비춰진 교과서 영상 위로 영어 회화 애니메이션이나 태양계 행성 모형의 3차원 그래픽 영상이 나타나 능동적으로 관찰하며 학습(ETRI에서 개발)

- 가상 스튜디오 기술: 동계올림픽 스피드 스케이팅 경기 중계에서 각 선수의 발 아래 얼음 위에 해당 선수의 국기 표시, 프리킥을 할 때 골대까지의 거리를 화살표와 숫자로 경기장 바닥에 표시, 축구 선수 이동 경로 표시 및 정보 제공, 선거 개표 방송 등

그 밖에도 증강현실 광고, 국립중앙과학관의 u-체험형 콘텐츠 서비스, 네비게이션, 수술 시 환자 정보 제공, 제조 과정에서의 빠른 정보 획득 등 다양한 분야에서 활용되고 있다.

# 지그비

정의 지그비(ZigBee)는 IEEE 802.15.4를 기반으로 한 작고 저전
력의 디지털 라디오를 사용하는 하이 레벨 통신 프로토콜로,
가정이나 사무실의 조명 보안 등을 무선으로 조정할 수 있는 근거리
저전력 무선 네트워크를 구축하는 무선 표준이다.

| 지그비

지그비

근거리 무선 개인 통신망(WPAN: wireless personal area network)은 비교적 짧은 거리(10m 내)인 개인 활동 공간 내의 저전력 무선 네트워크로, 종류는 블루투스(IEEE802.15.1), 초광대역(UWB) IEEE802.15.3, 지그비 등이 있으며, 특히 이들 중 ZigBee를 LR(low rate)-WPAN, 그리고 UWB를 HR(high rate)-WPAN이라고 한다.

초광대역(UWB)은 A/V 가전기기 사이의 무선통신으로 20Mbps 이상 최대 55Mbps까지의 고속 전송 속도를 지원하는 표준 기술이다.

지그비는 근거리 무선 표준인 802.15.4에 네트워크 계층, 애플리케이션 계층, 지그비 장치 객체, 애플리케이션 객체의 4개 요소가 추가된 표준이다.

최저 전력이 100mW 미만이고 통신거리는 100미터 정도로 출입문에 장착되는 센서, 휴대용 리모컨, 재고관리 장치 등과 같이 단순한 데이터 통신이 필요한 장치를 적은 전력으로 수천 개의 디바이스를 접속시킬 수 있다.

주파수 대역은 2.4GHz(16채널), 868MHz(1채널), 915MHz(10채널)를 사용하며 각각의 전송 속도는 250kbps, 20kbps, 40kbps다.

변조 방식은 DSSS(direct sequence spread spectrum, 직접 확산 변조)를 사용하고 무선망 접속은 다원 접속 방식인 CSMA/CA 방식을 사용하며, 평균 전력 소모는 50mW 정도(건전지 하나로 1~2년 사용 가능), 전송 거리는 실내 30m, 실외 100m 정도이고, 네트워킹 용량은 최대 65,535노드가 접속 가능하다.

⊘ DSSS(direct sequence spread spectrum, 직접 확산 변조)

CDMA의 기초가 되는 방식으로, 원래의 신호에 주파수가 높은 디지털 신호(확산 코드)를 곱(XOR)하여 확산(spreading)시키는 대역확산 (spread spectrum) 변조 방식이다. 우수한 잡음 방지 기능으로 데이터를 중간에서 가로채기가 어려워 보안성이 뛰어난 반면에 수신기의 구조가 복잡해지는 등의 단점이 있다.

### ✅ CSMA/CA(carrier sense multiple access/collision avoidance, 반송파 감지 다중 액세스/충돌 회피)

무선 LAN에서는 전송매체상에서 충돌 감지가 거의 불가능하므로, 전송 전에 캐리어 감지(carrier sense)를 해보고 감지되면 일정 시간 (IFS: inter frame space, 프레임 간 공간-첫 번째 충돌 회피 방법)을 기다려 전송하는 방법으로 사전에 가능한 한 충돌을 회피(CA: collision avoidance)하는 무선 전송 다원 접속 방식이다.

지그비의 동작은 대부분의 시간을 슬립 모드 상태로 있어 전력 사용이 매우 적고 슬립 모드에서 15ms 이내에 활성화될 수 있어 장치의 반응성이 매우 좋다.

지그비의 특징은 초소형, 저전력, 저가격으로 센서 역할을 수행하기 때문에 홈시큐리티 시스템, 지능형 홈 네트워크 빌딩 및 산업용 기기 자동화, 물류, 환경 모니터링, 휴먼 인터페이스, 텔레매틱스, 무선 조명 스위치, 원격 검침 전력량계, 교통관리 등 다양한 유비쿼터스 환경에 무선 센서 네트워크(wireless sensor network)로 응용이 가능하다. 지그는 디바이스의 성능에 따라 전기능기기(FFD: full function device)와 축소기능기기(RFD: reduced function device, 기능을 최소화해서 전력 소모를 줄이기 위한 목적으로 종단기기로만 사용됨) 2가지로 나뉜다. 지그비는 디바이스의 사용 용도에 따라 지그비 PAN 코디네이터, 지그비 라우터, 지그비 종단기기 3가지로 나뉜다.

│무선 센서 네트워크

네트워크 구성에 따른 노드의 요소를 코디네이터(PAN coordinator), 라우터(router), 종단기기(end device)로 구분하고, 코디네이터는 망에서 하나만 존재하며 네트워크 주소를 할당하고 지그비 망을 시작하고 유지하는 기능을 하고, 라우터는 자식 노드(子息-, child node)를 관리하고 네트워크를 연장하는 역할 및 지그비 망 내에서 메시지 전달 역할을 수행한다. 종단기기는 배터리로 유지되며, 코디네이터 및 라우터와 교신하나 RFD 서로간의 대화는 불가능하다.

통신 방식은 유니 캐스트(특정 타깃으로 보내기), 멀티 캐스트(특정 장비 그룹으로 데이터 보내기), 브로드 캐스트(네트워크상에 있는 모든 장비에게 데이터 보내기)가 있고, 지그비 디바이스는 제조 과정에서 부여된 64비트 IEEE 어드레스와 네트워크 참여 시 할당되는 16비트 네트워크 어드레스가 있다.

## '지그비' 명칭의 유래

지그비(ZigBee) 명칭의 유래는 여러 가지 설이 있다.

꿀벌이 새로 발견한 꽃의 위치를 집단의 다른 구성원들에 전하기 위해 원(집근처 먹이)을 그리거나 8자(Zig-Zag 패턴: 꽃밭의 방향, 거리) 춤을 추는 '지그비 원리(ZigBee principle)'에서 유래했다. ZigBee(Zig-zag+Bee)는 벌이 꽃을 쫓아 여기저기 다니며 통신한다는 의미의 합성어로 무선 센서 네트워크 기술도 경제적인 통신 수단으로 혁신적인 기술을 따르고자 한 의미가 있다.

기술의 표준화를 위한 초기 모임에서 의견을 수렴하여 표준안을 확립하는 과정에서 여러 가지 진통을 겪으면서 zig-zag로 진행해 왔다는 의미가 함의되어 'Zig+Bee'라는 합성어를 만들어냈다.

CES 2016에서 공개한 ZigBee3.0은 네트워크의 모든 레이어를 표준화해 소비자에게 만족을 주기 위해 보안 및 편의성을 향상시킬 수 있도록 다양한 장치를 편리하고 경제적으로 제어할 수 있는 표준 기반을 확대해 나가고 있다.

우리 주변에서의 활용은 한전의 원격 검침 시스템, 화재 감지기, 가스 감지기에 사용되고 있다.

# 지능형 로봇

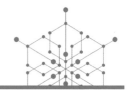

정의    지능형 로봇(intelligent robots)은 별도의 조작이 없이도 스스로 주변의 상황을 인지하여 행동하는 능력을 가진 로봇이다.

해설    프로그램에 의해 지시된 동작을 반복하는 기존의 로봇과는 달리 외부환경을 인식(perception)하고, 주어진 상황을 스스로 판단(cognition)하여 자율적으로 동작(manipulation)하는 로봇이다. 유비쿼터스 네트워크 등의 IT 기술이 접목된 복합 시스템으로 다양한 센서에 의해서 주변의 상황을 인식하고 프로그래밍하거나 학습된 자료를 활용하여 스스로 상황을 판단하고 자율적으로 동작한다.

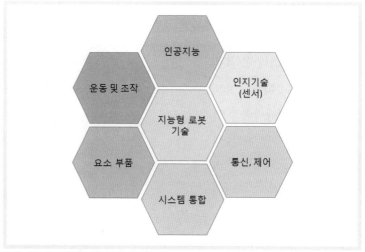

| 지능형 로봇 연관 기술

휴머노이드(humanoid, 인간형 로봇)는 인간(human)과 안드로이드(android)의 합성어로 지능형 로봇에 인간이 친숙함을 느낄 수 있도록 인간의 신체 구조와 비슷한 머리와 팔, 몸통, 다리를 가진 로봇으로 센서에 의해서 인식한 상황에 적합한 판단을 하고 동작하여 인간과 가깝게 상호작용할 수 있는 로봇을 말한다.

휴머노이드가 사람의 피부와 같은 조직을 입혀 사람처럼 꾸며놓은 것이라면 안드로이드는 외형과 행동이 사람과 매우 닮아 로봇임을 분별하기 어려운 정도로 인간과 흡사한 로봇으로 초고령화 사회로 진입하고 있는 우리 현실에서 활발한 활용이 기대된다.

### 로봇의 진화

'휴보'는 한국과학기술원
에서 개발한 인간형 로봇
으로 2004년 KHR-3 휴보
를 만들고 머리 부분을 아
인슈타인의 얼굴로 대체
하여 새로운 버전의 휴머
노이드 로봇으로 알버트
휴보라 명명했다.

알버트 휴보

DRC 휴보2는 키가 커져
겉보기엔 한결 날씬해
보인다. 하지만 훨씬
강한 힘과 보행 안정성을
갖춰 임무 수행 능력이
한층 높아졌다.

로봇 챔피언 휴보

알버트 휴보는 걷거나 악수하는 기존 기능은 물론, 까르르 하고 웃거나 미소를 지어보이거나 찡그리며 화를 내는 등 감정표현까지 가능하다. KHR-4 휴보2는 출생일이 2008년이고 뛸 수 있는 정도로 개선되었다.

KAIST 휴머노이드로봇연구센터(센터장 오준호 기계공학과 교수)가 개발한 휴머노이드(인간형 로봇) 휴보(Hubo) DRC는 2015년 6월 미국 캘리포니아 주 포모나에서 열린 미국 국방부 산하 방위고등연구계획국(DARPA) 로보틱스 챌린지에서 종합 우승을 차지했다.

이 대회는 2011년 후쿠시마 원자력발전소 사고와 같은 극한의 재난 상황에서 인간을 대신할 재난 수습 로봇을 개발하기 위한 취지로 2013년 시작됐다. 휴보 DRC는 자동차 운전, 차에서 내리기, 문 열기, 밸브 잠그기, 드릴로 벽에 구멍 뚫기, 험지 돌파, 계단 오르기 등 8개 과제를 가장 빨리 끝내는 결선 대회에서 미국, 일본, 독일 등 로봇 강국들의 로봇을 제치고 정상에 올랐다.

# 카르노 맵

정의 카르노 맵 (Karnaugh Map)은 논리함수를 간소화하기 위한 방법으로, 진리표에서 출력 특성을 맵으로 그려서 간소화하는 방법이다.

## 해설

### ✔ 카르노 맵을 이용한 간략화 방법

① 변수의 개수가 n개이면 $2^n$ <- 변수의 갯수 의 사각형 박스를 그린다.

② 진리표의 최상위 비트를 세로축에 위치시킨다.

③ 인접한 변수끼리는 1비트씩만 변한다.

④ 4칸짜리(변수 2개)를 8칸짜리(변수 3개)로 만들 때는 세로 거울을 두어 반사시킨 후 복사한다.

## 2변수 맵 그리기

| 10진수 | 입력 | | 출력 |
|---|---|---|---|
| | A | B | Y |
| 0 | 0 | 0 | 1 |
| 1 | 0 | 1 | 1 |
| 2 | 1 | 0 | 0 |
| 3 | 1 | 1 | 0 |

| A＼B | 0 | 1 |
|---|---|---|
| 0 | **1** 00<br>0 | **1** 01<br>1 |
| 1 | 10<br>2 | 11<br>3 |

3변수 맵 그리는 방법은 2변수 맵을 그린 후 거울이 있다고 가정하고 4개 추가함

| | 앞자리 0추가 | | 1추가 | |
|---|---|---|---|---|
| A＼B | 0 | 1 | 1 | 0＼A |
| 0 | **1** 0 | **1** 1 | 1 | 0 |
| 1 | 2 | 3 | 3 | 2 |

8칸짜리 거울 반사

## 3변수 맵 그리기

| 10진수 | 입력 | | | 출력 |
|---|---|---|---|---|
| | A | B | C | Y |
| 0 | 0 | 0 | 0 | |
| 1 | 0 | 0 | 1 | 1 |
| 2 | 0 | 1 | 0 | |
| 3 | 0 | 1 | 1 | 1 |
| 4 | 1 | 0 | 0 | 1 |
| 5 | 1 | 0 | 1 | 1 |
| 6 | 1 | 1 | 0 | |
| 7 | 1 | 1 | 1 | 1 |

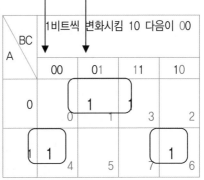

1비트씩 변화시킴 10 다음이 00

| A＼BC | 00 | 01 | 11 | 10 |
|---|---|---|---|---|
| 0 | 0 | **1** 1 | **1** 3 | 2 |
| 1 | **1** 4 | 5 | **1** 7 | **1** 6 |

입력 A, B, C는 2진수이고, 위에서 아래쪽으로 보면 0과 1의 배치가 A는 4개씩 변하고, B는 2개씩 변하고 C는 1개씩 변하고 있다.

이것은 2진수로 볼 때 A는 4의 자리, B는 2의 자리, C는 1의 자리를 의미한다.

변수가 4개짜리 진리표는 A, B, C, D의 0과 1의 배치가 8개, 4개, 2개, 1개로 됨을 짐작할 수 있다. 사각형 안의 적색 숫자는 진리표의 10진수 숫자와 동일함을 알 수 있다. 추후 최소항의 합 형식으로 표현할 때 유용하게 사용하는 숫자다.

■ 간소화 과정

① 진리표에서 출력이 1인 경우를 찾아 카르노 맵에 1로 표시한다.
② 인접한 것끼리 최대 $2^n$개(16, 8, 4, 2) 순으로 묶는다.
③ 1로 표시된 사각형을 중복하여 크게 묶을 수 있다.
④ 묶인 그룹에서 변하는 않은 변수를 찾아 최소항으로 구성한다.
⑤ 최소 항을 OR 연산한다.

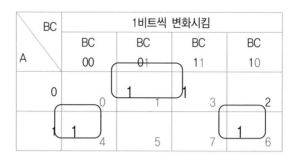

Y = A'B'C + A'BC + AB'C' + ABC' (논리곱 기호는 일반적으로 생략)
A'B'C는 A=0, B=0, C=1로 10진수 1이므로 1번 사각형에 1표시
ABC'은 A=1, B=1, C=0으로 10진수 6이므로 6번 사각형에 1표시

❶ 10진수로 1, 3이 인접해 있고 4번과 6번이 인접해 있음

(8개, 4개, 2개 순으로 검색, 00과 10은 인접)

❷ 묶음에 변하지 않은 변수명 확인

1, 3번 묶음: A:0, B:0,1 C:1=$\overline{A} \cdot C$

4, 6번 묶음: A:1, B:0,1 C:1=$A \cdot C$

A 값이 1=A, A 값이 0=$\overline{A}$로 표시

A의 부정을 나타내는 $\overline{A}$=A'로 표현 가능하고 $\overline{A}$는 "바", A'는 "프라임"이라고 읽는다. 3변수 맵을 간소화하면 Y= $\overline{A} \cdot C$+$A \cdot C$으로 표현할 수 있다.

■ 진리표에서 간소화하기

| 10진수 | 입력 | | | 출력 |
|---|---|---|---|---|
| | A | B | C | Y |
| 0 | 0 | 0 | 0 | 1 |
| 1 | 0 | 0 | 1 | 1 |
| 2 | 0 | 1 | 0 | 1 |
| 3 | 0 | 1 | 1 | 1 |
| 4 | 1 | 0 | 0 | 1 |
| 5 | 1 | 0 | 1 | 1 |
| 6 | 1 | 1 | 0 | 0 |
| 7 | 1 | 1 | 1 | 0 |

❶ 진리표의 출력 Y에서 1인 출력을 찾아 좌측의 10진수를 보고 0~5까지의 사각형에 출력 1을 표시

❷ 인접한 것끼리 8, 4, 2개 순으로 확인함

0, 1, 3, 2의 4개 사각형 인접

4, 5의 2개의 사각형 인접 ⇨ 중복해서 크게 묶을 수 있으므로

0, 1, 4, 5 4개의 사각형 인접

❸ 변하지 않는 변수 확인

0, 1, 3, 2 ⇨ A : 0 B : 0, 1 C = 0, 1 ⇨ 변하지 않은 것은 A : 0 ⇨ A'

0, 1, 4, 5 ⇨ A : 0, 1 B : 0, C = 0, 1 ⇨ 변하지 않은 것은 B : 0 ⇨ B'

❹ Y = A'+B'

진리표에서 논리식을 유도하면

Y=A'B'C+A'B'C+A'BC'+A'BC+AB'C'+AB'C

　　0　　1　　2　　3　　4　　5　(10진수)

최소항 식　　$m_0$　$m_1$　$m_2$　……..

$y(a,b,c) = \sum m(0,1,2,3,4,5)$로 표시할 수 있다.

# 캐시 메모리

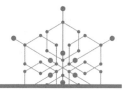

**정의**    캐시 메모리(cache memory)는 주기억장치의 명령어와 데이터의 일부를 가져와 임시로 저장하고 CPU에서 필요로 할 때 제공하여 프로그램의 수행 속도를 CPU의 처리 속도로 높이기 위해 사용하는 소규모의 속도가 빠른 기억장치다. CPU와 주기억장치(DRAM) 사이에 존재하고, SRAM(static random access memory, 정적 램)을 사용한다.

**해설**    컴퓨터에서 기억장치는 적은 비용으로 빠른 동작 속도, 대용량의 기억장치를 구성하기 위해 상대적으로 가격이 싸고 속도가 느리지만 대용량인 하드디스크, 속도가 빠르고 가격이 비싸 소용량으로 구성하는 주기억장치, 더 빠른 캐시 기억장치 순으로 구성하여 사용하는 것을 기억장치 계층구조라 하고 다음 그림처럼 표시한다.

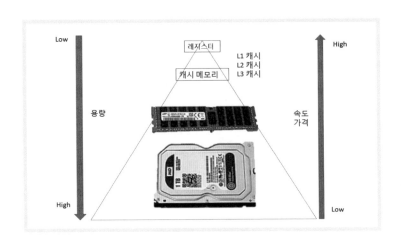

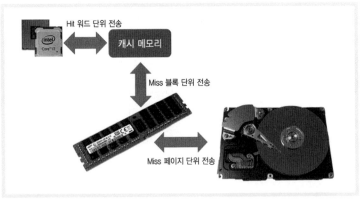

| 캐시 메모리

주기억장치는 휘발성이고 가격이 비싸서 작은 용량을 사용하므로 프로그램과 데이터는 비휘발성 대용량인 하드디스크와 같은 보조기억장치에 저장한다.

프로그램의 수행 과정을 살펴보면 보조기억장치에 있는 프로그램과 데이터는 주기억장치에 로드(적재)되어야 CPU에 의해서 프로그램의 실행이 가능하다. CPU(빠르고)와 주기억장치(느림)의 속도 차이로 인해 프로그램의 수행 속도는 주기억장치의 접근 속도로 느려지게 된다.

이런 문제를 해결하기 위해 소규모의 빠른 기억장치인 캐시 메모리를 CPU 가까이에 두고, 다음에 사용할 만한 프로그램이나, 자주 사용하는 데이터를 미리 준비해 두었다가 제공하여 프로그램의 처리 속도를 올리는 방법을 사용한다.

캐시 메모리는 초기 펜티엄 486DX CPU에서는 L1 캐시를 명령어 8KB, 데이터 8KB를 가지고 있던 것이 듀얼코어 프로세서에서는 L1 캐시(8~64KB 정도의 용량)는 CPU 내부에 각각 가지고 서로 공유하는 L2 캐시(64Kb~4MB) 메모리를 내장한다.

L2 캐시는 CPU가 L1 캐시에서 원하는 자료를 찾지 못할 때 검색하는 캐시 메모리로 용도와 역할은 비슷하고 속도는 느리다.

L1/L2 캐시 메모리가 CPU 성능에 직접적인 영향을 미치고, 상대적으로 성능에 큰 영향을 미치지 못하는 L3 캐시는 CPU가 아닌 메인 보드에 내장되어 사용되다 인텔 코어 i7에서야 CPU에 8MB로 내장되었다.

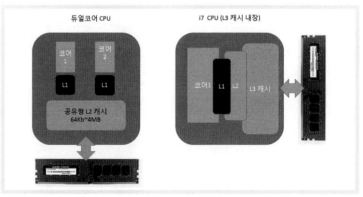

| 내장 캐시 메모리

캐시 메모리를 사용하여 프로그램의 수행 속도를 CPU의 처리 속도를 올릴 수 있는 이유는 참조의 지역성(locality of reference) 때문이다. 참조의 지역성은 프로그램의 실행 중 처음에 참조된 기억 장소가 가까운 미래에도 계속 참조될 가능성이 높은 시간의 국부성과 일단 하나의 기억 장소가 참조되면 그 근처의 기억 장소가 계속 참조되는 공간의 국부성이 있다.

## 캐시 기억장치의 동작

*생. 각. 거. 리.*

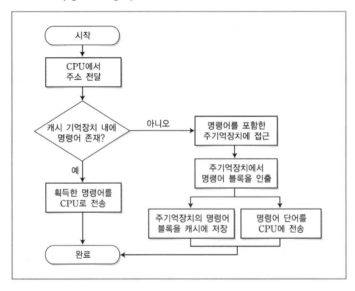

# 커넥티드 카

정의 커넥티드 카(connected car)는 자동차와 인터넷과 모바일 기기 등 IT 기술을 융합하여, 사용자에게 안전성과 편의성을 제공하는 자동차를 말한다.

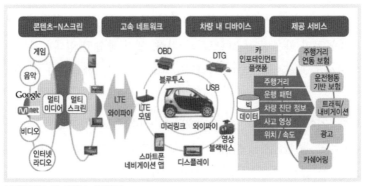

| 커넥티드 카 서비스 구성도

**해설** 텔레매틱스(telematics) 서비스의 확장된 개념으로 자율주행 자동차의 안전을 보장하는 기술로, 네트워크를 통한 다른 차량이나 통신 기반 시설과 무선으로 연결하여 실시간 정보 교류를 통해 안전하고 편리한 기능을 제공하는 기능에서 자동차, 스마트폰과 연결되어 각 기기를 제어하는 기능으로 확장되고 있다.

✅ 텔레매틱스 서비스

통신(telecommunication)+정보과학(informatics)의 합성어로 자동차와 컴퓨터, 이동통신, GPS(global positioning system) 기술의 결합을 의미한다. 즉, 자동차, 이동통신, 단말기, 콘텐츠, 애플리케이션이 상호 유기적으로 결합하여 차량 내에서 멀티미디어 서비스를 이용할 수 있는 환경을 제공한다.

텔레매틱스 특징은 기존의 여러 기술(ITS, GIS, LBS, 기타 다양한 유무선 기술 등)이 융합되어 양방향성, 실시간성, 위치인식, 추적성을 가진다.

적용 사례는 1996년 GM이 자체 기술력으로 개발한 온스타를 시작으로 2000년대 이후 여러 제조사에서 텔레매틱스를 도입했다. 현대자동차의 블루링크(스마트폰과 차량, 앱이 통합된 형태), 기아자동차의 UVO(SK텔레콤과 기아자동차에서 제공), 쉐보레의 마이링크 등이 있다

현대·기아차가 제공하는 텔레매틱스 서비스 모젠(Mozen: http://www.mozen.com/index.jsp)은 자동차, 이동성을 뜻하는 motor, mobile의 앞 두 글자와 세대, 시민, 정상을 뜻하는 generation, citizen, zenith의 세 글자를 합성하여 만들었다. 즉, 새로운 자동차 생활의 시대를 열어가는 자동차 생활인이라는 점과 최적의 운전 환경을 만들어주며

이를 통해 운전자들의 자유로운 드라이빙 라이프를 실현시키는 서비스라는 의미를 가진다.

실행되고 있는 서비스는 긴급 구난 서비스, 긴급 견인/주유 서비스, 배터리 충전, 차 문 잠금 해제 서비스, 타이어 교체 서비스, 도난 방지 서비스, 연료 소모량이 최소인 경로 탐색 등의 서비스를 지원한다, 운전자가 전화를 하거나 다른 조작 없이 서비스를 가능하게 해주는 점이 기존의 서비스와는 다르다.

커넥티드 카의 주요 기능은 현재 주요 기능인 차량 내 엔터테인먼트 제공과 더불어, 모바일 정보 제공, 차량 제어 및 관리, 안전 기능, 운전 기능 보조 등의 역할을 수행한다. 즉, 커넥티드 카는 '연결된 자동차', 즉 모바일 기기 또는 자동차의 단말을 통한 인터넷 연결 정보 검색 및 다른 자동차와의 통신을 통해 얻은 정보를 자동차와 운전자가 공유하는 자동차를 의미한다.

커넥티드 카는 음성으로 전화, 내비게이션 동작, 음악 선곡 및 뉴스, 날씨, 실시간 교통정보를 검색하고 자동차의 상황을 점검해 이상이 발생했을 경우 경고하는 기능을 가진 바퀴 달린 스마트폰이라 할 수 있을 만큼 다양한 기능을 제공한다.

커넥티드 카

## 커넥티드 카 기술

커넥티드 카 기술은 기반 기술인 OS와 통신기술과 서비스로 나눌 수 있다. 커넥티드 카 엔터테인먼트 OS 분야에서는 오픈 소스 플랫폼인 미러 링크(mirror link), 제니비(Genivi)가 있다.

애플과 구글은 2014년 3월과 6월에 자동차와 스마트폰을 연결해 자동차 대시 보드를 스마트폰처럼 사용하는 애플의 카플레이(CarPlay), 구글의 안드로이드 오토(Android Auto)를 발표하여 차량의 인터넷 연결을 넘어 차량 간, 차량과 인프라 간 통신 및 스마트폰의 다양한 기능을 통해 편의를 제공하는 차량용 인포테인먼트 시스템을 구현했다.

볼보의 V2V(vehicle-to-vehicle) 통신 시스템은 사용자에게 더욱 안전한 운전 경험을 제공하고 교통 정체 개선을 위해 차량의 바퀴, 엔진, 헤드라이트 등에 탑재된 센서 정보를 공유해 빙판길이나 사고 상황을 실시간으로 볼보의 서버에 전송하여 주변 차량에게 경고해 추돌사고를 방지할 수 있게 도와준다.

✅ 무선차량통신(V2X: vehicle to everything)

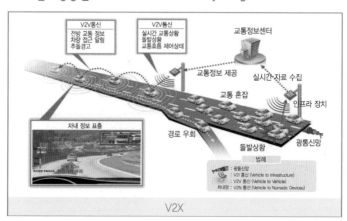

도로 위 차량, 인프라 등에 적용 가능한 통신기술로 '차량과 차량 간 통신(V2V)', '차량과 도로 인프라 간 통신(V2I)', '차량과 모바일 기기 간 통신(V2N)' 등을 포함한다.

국내에서는 국토해양부가 2012년 6월 도로교통 분야 ITS 계획 2020을 수립하고 주행 환경을 자동 인식하여 운전자에게 제공하는 V2X 기술 기반 자동차·도로를 개발하고 있다. 즉, 자율 주행 차량의 센서나 레이더 등의 인식 오류를 보완하여, 자동차 주행 시 안전을 보장할 수 있는 서비스로 개발하고 있고, 커넥티드 카 분야 기술에서는 기기 간 호환성과 통신에서 보안성이 가장 중요시되고 있다

# 클라우드 컴퓨팅

**정의**  클라우드 컴퓨팅(cloud computing)은 다음 세 가지로 정의할 수 있다.

1. 인터넷상에 있는 하드웨어나 소프트웨어 등의 IT 자원을 인터넷에 접속해 사용하고 사용료를 지불하는 컴퓨팅 서비스다.
2. IT 자원의 '가상화 + 자동화 + 표준화'다.
3. 웹으로 서로 다른 사용자가 직접 필요한 만큼 인프라를 만들고 관리하며 확장할 수 있도록 하며 만들어진 인프라를 사용한 만큼 비용을 부과하는 서비스다.

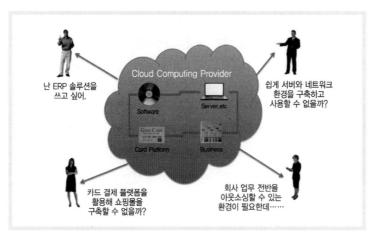

클라우드 컴퓨팅

해설 가상의 서버 환경을 이용한 데이터 공유 기술인 클라우드 컴퓨팅의 종류는 사용자 서비스의 형태에 따라 SaaS(software as a service), PaaS(platform as a service), IaaS(infra. as a service), BaaS(backend as a service), MBaaS(mobile backend as a service), NaaS(network as a service), BPaaS(business process as a service) 등으로 구분할 수 있다.

- SaaS: 각종 솔루션, 소프트웨어를 클라우드 형태로 제공
- PaaS: 서비스를 제공하기 위한 다양한 플랫폼(카드 결제 처리 플랫폼)
- IaaS: 인프라(컴퓨팅 자원, 하드웨어, 네트워크 환경) 환경을 서비스
- BaaS/MBaaS: 모바일 웹 또는 앱이 사용할 수 있는 백 엔드 자원을 서비스

클라우드 컴퓨팅

BaaS는 모바일 앱 개발에 필요한 위치 기반 서비스, 푸시 알림, 포토 컬렉션, 사용자 인증, 소셜(social) 네트워크와의 통합 등 서버와 통신 하는 백 엔드를 서비스 형태로 제공해 모바일 앱을 쉽게 만들 수 있도 록 지원하는 퍼블릭 클라우드(public cloud)의 일종이다

- NaaS: 클라우드 컴퓨팅 유저에게 내부적인 네트워크 환경을 제공
- BPaaS: BPO(business process outsourcing) 서비스의 클라우드 서비스 버전

클라우드 컴퓨팅 리소스를 배포하는 방식으로는 공용 클라우드 (public cloud), 사설 클라우드(private cloud), 하이브리드 클라우드 (hybrid cloud)의 세 가지가 있다.

- 공용 클라우드: 인터넷을 통해 제공하는 컴퓨팅 리소스를 클라우드 서비스 공급자가 소유하고 운영하고 사용자는 이러한 서비스에 웹 기반으로 액세스하고 계정을 관리하는데, 구글 클라우드, 다음 클라 우드, 아마존 웹 서비스(일부 서비스 제외) 등의 클라우드 서비스가 해당한다.
- 사설 클라우드: 특정 네트워크상의 자원을 단일 비즈니스 또는 조 직에서 독점적으로 사용되는 클라우드 컴퓨팅 리소스로 데이터, 자원 등을 보호해야 하는 기업이 많이 사용한다.
- 하이브리드 클라우드: 공용 클라우드와 사설 클라우드를 결합하 여 데이터와 응용 프로그램을 공유할 수 있는 기술이다.

클라우드 컴퓨팅 서비스를 제공하기 위해서는 기본적으로 물리적인 데이터 센터와 서버, 스토리지, 네트워크 장비 등이 있어야 하고 또 필요에 따라 OS, S/W, 플랫폼, 애플리케이션 등이 필요하다. 클라우드 관리 기술에는 물리적인 인프라를 가상화하여 더 많은 인

프라를 사용할 수 있도록 해주는 가상화 기술, 사용자가 인프라를 쉽게 만들고 관리할 수 있도록 하는 자동화 기술, 다수의 인프라가 상호 조화롭게 운용될 수 있도록 관리하는 오케스트레이션(orchestration) 기술, 사용자에 의해 만들어진 인프라가 어떻게 운영되는지를 확인하는 모니터링 기술, 가상의 인프라를 만들고 관리하며 사용하고 서로 연관시키는 등의 모든 작업을 웹에서 할 수 있도록 하는 웹 콘솔(web console) 기술이 있다.

클라우드 서비스의 특징을 살펴보면 인터넷과 웹 기반으로 가상화된 자산을 제공하고 가상화된 자산을 사용자별로 할당하고 사용하도록 할 수 있는 Multi-Tenant 환경을 제공하며, 표준화된 IT 자원 템플릿을 통해 사용자 및 관리자의 개입이 최소화된 자원 관리가 가능하고, 사용자의 생산량을 높이며, 기존의 IT에 비해 편리한 사용 환경 및 사용자의 요구에 바로 대응할 수 있는 유연한 IT 자원 소유 모델을 제공한다.

클라우드 컴퓨팅은 장점은 다음과 같다.

- 하드웨어나 소프트웨어 등의 구축비용 없이 원하는 서비스를 이용할 수 있다.
- 뛰어난 확장성으로 인해 시스템에 대한 전문 지식이 없어도 기업 데이터를 안정적으로 운영할 수 있고 주문형 셀프 서비스로 빠른 속도를 보장한다.
- 다양한 단말이 사용 가능하며, 컴퓨터의 가용률이 높고 일관성 있는 사용자 서비스 환경을 구현한다.

클라우드 컴퓨팅의 단점도 있다.

해킹 및 재해에 의한 서버 이상 시 다수의 사용자의 데이터에 피해가 발생할 수 있어 백업을 철저히 해야 하고, 개인정보 유출과 관련된 문제가 발생할 수 있어 암호화가 필요하다. 표준화된 IT 자원 템플릿을 사용하기 때문에 사용자의 유연성이 떨어지고 적절한 서비스를 위한 고속의 네트워크 환경이 필요하다.

## 클라우드 시장 규모

생.
각.
거.
리.

미래부의 최근 자료에 따르면, 2016년 국내 클라우드 시장은 시장이 형성되는 단계로 시장 규모는 1조 1,900억 원을 형성해 전년 대비 55.2% 성장했으며, 클라우드 기업 수도 535개로 전년도 353개에 비해 51.6% 증가했다.

전 세계 클라우드 시장을 이끌고 있는 AWS는 지난해 4분기 전 세계 퍼블릭 클라우드 시장에서 41%의 점유율로 부동의 1위를 지켰다. 2위 그룹인 MS, IBM, 구글 3사의 점유율은 합해서 23% 수준이고, 알리바바와 오라클 등 4~10위권 내 업체의 시장 점유율은 합해서 18%로 집계되고 있다.

# 패킷 교환 방식

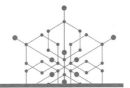

**정의**    패킷 교환(packet switching) 방식은 컴퓨터 네트워크에서 전송 데이터를 패킷으로 나누어 목적지의 주소, 패킷의 순서, 제어 정보 등의 헤더 정보를 추가하여 전송하는 방식으로, 패킷 데이터가 전송되는 동안만 네트워크 자원을 사용하도록 한다. 대표적인 경우가 인터넷이다

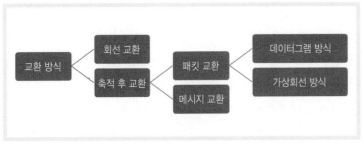

| 교환 방식의 종류

**해설** 패킷 교환 방식은 메시지 교환 방식과 회선 교환 방식의 장점을 결합한 형태로, 전송하고자 하는 데이터를 패킷 형태로 작게 나누어 전송한다. 최대 전송 단위는 1,500Byte이나 패킷에 목적지 주소, 패킷의 순서, 제어 정보 등의 정보를 기록하는 헤더 부분을 제외하고 타임스탬프(time stamp) 옵션(12Byte)을 사용한다고 가정하면 1,448Byte의 데이터를 전송한다.

패킷을 전송할 때만 전송 경로의 연결을 사용하므로 여러 개의 패킷을 하나의 목적지에 동시에 전송할 수 있고, 하나의 패킷을 여러 목적지로 동시에 전달할 수 있어 네트워크의 사용 효율이 높다. 즉, 패킷으로 나누어 짧은 시간만 전송 경로를 사용하므로 네트워크상의 데이터 경로를 시간적으로 여러 사용자들이 공유할 수 있다. 또한 오류 제어와 흐름 제어를 통해 비교적 용량이 큰 데이터를 정확하게 전달한다.

패킷 교환 방식을 연결 방식에 따라 구분하면 연결형인 가상회선 방식과 비연결형인 데이터그램(datagram)으로 나눌 수 있다.

### ✔ 가상회선(virtual circuit) 방식

패킷이 지나갈 경로에 가상의 회선을 미리 배정하는 방식으로 연결 지향성이다. 가상의 회선을 통해 전송되므로 모든 패킷이 보내는 순서대로 목적지에 도착하기 때문에 재조합이 필요 없어 길고 연속적인 전송에 효율적이다. 데이터 전송은 가상회선을 설정하기 위한 호 설정(call set-up), 데이터 교환, 가상회선을 해지하기 위한 호 해제(clear)의 3단계를 거친다.

### ✔ 데이터그램(datagram) 방식

각각의 패킷이 목적지 주소를 가지고 보내지면 네트워크의 교환기

(라우터)에서 각 패킷의 다음 경로를 설정하는 방식으로 각 패킷의 전달 경로는 서로 다를 수 있고 도착하는 패킷의 순서가 보낸 순서와 맞지 않을 수 있어 목적지에서 패킷의 재조합이 필요한 비연결형 방식으로, 인터넷이 이러한 방법으로 데이터를 전송한다. 이 방법은 통신망의 장애가 발생할 경우 우회가 가능하므로 신뢰성이 높다.

### 데이터 통신 방식

인터넷의 시초인 알파넷에서 음성통신 회선의 도청을 방지하기 위해 최초의 축적 후 전송(store-and-forward) 방식의 패킷 교환 네트워크를 구축하여 현재 인터넷의 데이터 전송 방법으로 널리 사용되고 있다.

또 다른 방법의 데이터 교환 방식에는 메시지 교환과 회선 교환 방식이 있다. 회선 교환(circuit switching) 방식은 전화망에서 널리 사용되는 방법으로, 송수신자가 결정되면 데이터 전송을 시작하기 전에 미리 적당한 회선의 경로를 설정한다. 회선이 설정되면 정해진 경로를 통해서 데이터 전송을 시작한다. 회선을 독점 사용하여 다른 컴퓨터들이 회선을 공유할 수 없어 회선의 이용률 측면에서는 불리하나 전송을 시작하면 실시간 데이터 및 대량의 데이터를 고속으로 전송할 수 있다. 교환기는 자료를 저장할 메모리를 필요로 하지 않는다.

메시지 교환 방식은 패킷 교환망과 같은 축적 교환 방식이나 전송하는 데이터의 논리적 단위가 패킷이 아닌 메시지를 교환하는 방식이다. 호출자의 메시지를 받아 기억장치에 저장하고 메시지 처리 프로그램에 의해 메시지와 그 주소를 확인한 후 수신자에게 전송하는 방식으로, 응답 시간이 빠른 데이터 전송에는 부적합하다. 그러나 시스템 상호간에 연속적으로 주고받아야 할 메시지가 있는 경우는 유리하다.

수신측 시스템이 메시지를 수신할 수 없는 경우에는 메시지를 저장해 두었다가 상대방이 수신 가능할 때 전송할 수 있어서 신뢰성이 높고, 네트워크의 혼란 상태를 회피할 수 있는 장점이 있다.

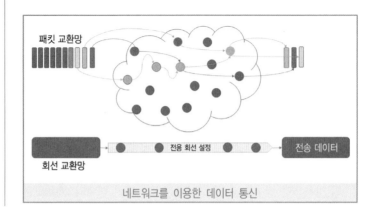

네트워크를 이용한 데이터 통신

# 프로그래밍 언어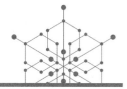

**정의** 프로그래밍 언어(programming language)는 문제 해결을 위해 컴퓨터와 약속된 명령어 집합의 종류를 말한다.

**해설** 컴퓨터를 사용하여 문제를 해결하기 위해서는 컴퓨터에게 문제 해결 방법과 절차를 지시해야 하는데, 이때 지시하는 명령어의 집합을 프로그램이라 하고, 작성하는 과정을 프로그래밍이라 한다.

컴퓨터에게 명령을 전달하기 위해 약속된 다양한 명령어 집합(프로그램)의 종류를 프로그래밍 언어라고 한다. 프로그래밍 언어는 컴퓨터 중심의 저급언어와 사용자 중심의 고급언어로 구분한다.

저급언어는 컴퓨터 중심의 언어로 컴퓨터가 바로 이해할 수 있는 0과 1의 2진수로 구성된 기계어와 기계어를 기호와 1대1로 대응시킨 어셈블리어로 구분할 수 있다.

- 기계어: 컴퓨터 하드웨어를 설계할 때 작성되는 언어로 CPU가 직

접 해독하고 실행할 수 있지만 기계 종속적인 언어(CPU마다 다른 코드)로 사용자가 이해하기 어렵고 수정이 곤란한 특징을 가진다.

- 어셈블리어: 기계어의 단점인 사용자가 프로그램을 이해하기 어렵고 수정하기 곤란한 점을 해결하기 위해 기계어와 기호 형태의 단어를 1대1로 대응시켜 만든 기호화 언어로 여전히 기계 종속적이다. 예를 들어 기계어로 더하라는 명령을 100011이라 가정할 때 어셈블리어는 ADD라는 영문자로 대응시킨 언어다. 어셈블리어는 컴퓨터가 이해할 수 없는 언어로 구성되어 있어 어셈블리어라는 번역 프로그램에 의해 기계어로 번역된 후 실행이 가능하다.

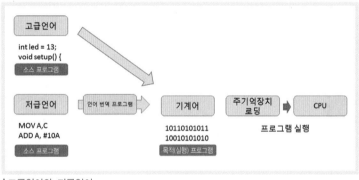

| 고급언어와 저급언어

고급언어는 사람이 사용하는 언어를 약속된 형태로 사용하는 사용자 중심의 언어로 번역하는 방법에 따라서 컴파일러 언어와 인터프리터 언어로 구분한다.

- 컴파일러 언어: 고급언어로 작성된 프로그램을 프로그램 단위로 읽어서 번역하고 다른 프로그램이나 컴퓨터가 처리할 수 있는 목

적 프로그램(실행 파일)을 생성하는 번역 프로그램이다. 종류로는 C, Java, COBOL 등 다양한 프로그래밍 언어가 포함되고 실행 파일을 생성하므로 대부분의 프로그래밍 언어가 컴파일러를 가진다.

- 인터프리터 언어: 고급언어로 작성된 프로그램을 명령어 단위로 읽고 번역하여 바로 실행하는 프로그램으로, 입력 즉시 실행하므로 초보자용 언어로 적합하다. 종류로는 Basic, ASP, 파이썬 등이 있다.

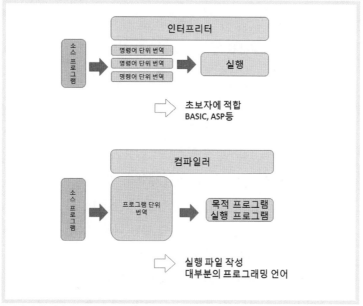

| 컴파일러 언어와 인터프리터 언어

프로그래밍 언어를 형태적으로 분류하면 명령형 프로그래밍 언어(imperative language), 객체지향 프로그래밍 언어(object-oriented programming language), 함수형 프로그래밍 언어(functional language)로 구분할 수 있다.

- 명령형 프로그래밍 언어: 폰노이만 컴퓨터 구조에 기반을 두고 배정문, 반복문, 조건문과 함수를 사용하여 순차적으로 처리하여 절차식 또는 프로시저 지향 프로그래밍 언어라 한다.

- 객체지향 프로그래밍 언어: 컴퓨터 프로그램을 명령어의 목록으로 보는 시각에서 벗어나 메시지를 주고받고, 데이터를 처리할 수 있는 독립된 단위인 객체들의 집합으로 구성하는 명령형 프로그래밍 언어의 확장된 형태다.

- 함수형 프로그래밍 언어: 자료 처리를 수학적 함수의 응용으로 취급하여 프로그램을 구성하는 것으로 선언적/적응적 프로그래밍이라고 한다.

## C언어의 역사

생.각.거.리.

C언어의 역사는 1960년 설계된 ALGOL(algorithmic language) 언어에서 유래한다. 영국의 캠브리지 대학과 런던 대학의 공동 연구에서 ALGOL-60을 기초로 CPL 언어를 개발했는데, 실무를 구현하는 데 문제가 있어 캠브리지 대학의 마틴 리차드(Martin Richards)가 BCPL을 설계했다. 벨연구소의 켄 톰슨(Ken Thompson)은 BCPL 언어를 필요에 맞추어 개조해서 B언어(언어를 개발한 벨연구소의 B를 딴 이름)를 개발했고, 1972년 켄 톰슨과 데니스 리치가 범용성을 보완하여 C언어(B 다음 언어)를 개발했다.

현재의 C언어가 있기까지 1973년까지 AT&T 벨연구소에서 4차례의 보완이 이루어지고, 1977년에 스티븐 C. 존슨과 리치가 유닉스 운영체제의 이식성 향상을 위해 추가로 변경했고, 존슨의 Portable C Compiler는 새로운 플랫폼에서 C를 구현하는 기초가 되었다.

# 프로세스

**정의**     프로세스(process)는 CPU에 의해서 실행 중이거나 주기억
장치에 적재된 실행을 대기 중인 프로그램을 말한다.

**해설**     프로그램을 실행하기 위해서는 프로그램이 주기억장치에
로드(적재)되어야 한다. 주기억장치의 용량이 한정되어 있
어 프로그램의 크기가 크면 여러 개로 분할하여 적재해야 하는데 이
때 적재되는 단위를 프로세스라고 한다. 즉, 하나의 프로그램은 '프로
세스 1 + 프로세스 2'처럼 다수의 프로세스로 나눌 수 있다.

CPU는 한순간에 하나의 프로세스만 실행이 가능하기 때문에 여러
개의 작업을 실행(멀티태스킹)하기 위해서는 CPU에 의해 실행되는
프로세스를 운영체제가 다양한 방식으로 빠르게 교체해주어야 하는
데 이때 프로세스의 정보를 저장해야 한다.

PCB(process control block)는 실행 중인 프로세스의 중단과 재실행
에 필요한 다음과 같은 상태 정보를 가진다.

- 프로세스 식별자(process ID): 구분자
- 프로세스 상태(process state): 생성, 준비, 실행, 대기, 완료
- 프로그램 카운터(program counter): 다음에 실행할 명령어의 주소를 지정
- CPU 레지스터 및 일반 레지스터: 실행 중 레지스터에 저장된 데이터 값
- CPU 스케줄링 정보: 프로세스 우선순위
- 메모리 관리 정보: 프로세스가 저장된 주소 및 주소지정에 사용하는 레지스터 값
- 프로세스 계정 정보: CPU가 사용된 양과 시간, 계정번호
- 입출력 상태 정보: 프로세스에 할당된 입출력장치 목록, 열린 파일 목록 등

프로세스의 상태는 생성에서 완료될 때까지 그림과 같은 5가지 상태를 가진다.

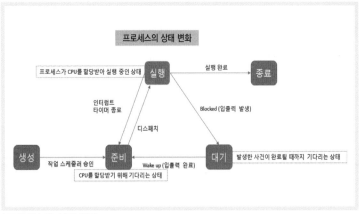

| 프로세스의 상태 변화

## ✅ 디스패치(dispatch)

다중 프로그래밍 시스템에서 준비 상태에서 우선순위가 높은 프로세스를 선택하여 CPU를 할당하여 실행할 수 있도록 하는 것을 말한다. 사전의 의미는 "발송하다, 특파하다."

## ✅ 프로세스 스케줄링 / JOB 스케줄링 / CPU 스케줄링

프로세스 스케줄링은 다중 프로그래밍 운영 환경에서 컴퓨터 시스템의 성능을 높이기 위해 여러 개의 프로세스들이 수행할 준비를 갖추고 있다면(준비상태) 이 작업들 중에 하나를 선택하여 CPU를 할당(주기억장치, 입출력장치, 처리시간 등의 시스템 자원 배분)하기 위한 결정을 말한다. 처리율 증가, CPU 이용률 증가, 오버헤드(부하) 최소화, 응답·반환·대기 시간 최소화, 균형 있는 자원의 사용, 무한 연기 회피 등의 목적이 있다. 즉, 여러 개의 프로세스 중 먼저 실행할 프로세스들의 순서를 결정하는 방법이다. 선점(preemptive) 스케줄링과 비선점(nonpreemptive) 스케줄링으로 나눈다.

## ✅ 멀티프로그래밍(multi-programming)

단일 프로세서(CPU)상에서 여러 개의 프로그램을 동시에 실행하는 것으로, 초기에는 컴퓨터가 하나의 프로그램 처리를 완료한 후 다음 프로그램을 처리하는 방식이었는데 하나의 프로그램을 수행 중 입출력이 발생하면 CPU는 입출력 작업이 완료될 때까지 기다려야 하는 시간(ideal time: 유휴시간)이 발생해 프로세서의 자원을 낭비하는 결과를 초래한다.

멀티프로그래밍은 이러한 유휴시간(입출력 작업 등의 응답 대기 시간)에 다른 프로그램(프로세스)을 수행시킬 수 있도록 하는 것을 말한다.

### ✅ 멀티태스킹(multi-tasking)

task는 작업, 즉 어떤 정해진 일을 수행하기 위한 명령어 집합으로 현재 메모리에 로드된 프로세스와 운영체제상의 많은 프로세스를 의미하여 프로세스의 개념보다 조금 확장된 개념이다.

멀티프로그래밍이 CPU의 대기 시간을 최소화하기 위해 다른 프로그램을 실행했다면 멀티태스킹은 정해진 시간 동안 교대(라운드 로빈: 일정한 시간동안씩 돌아가면서)로 task를 수행하는 것이다.

### ✅ 멀티쓰레딩(multi-threading)

쓰레드는 프로세스 내에서 생성되는 하나의 실행 주체로 동시에 여러 개의 생성이 가능하고 메모리를 공유하여 사용하기 때문에 서로 정보를 주고받는 데 제한이 없다.

### ✅ 선점(preemptive) 스케줄링 방식

실행 중인 프로세스를 강제로 중지할 수 있어 시분할 방식에 의한 라운드 로빈(round robin) 방식(프로세스에게 CPU 사용 시간을 동일하게 부여)으로 높은 우선순위 요구 등 빠른 응답 요구에 반응할 수 있다.

선점 스케줄링 우선순위가 높은 프로세스가 다른 프로세스에 할당된 CPU를 강제로 빼앗을 수 있어 효율적이지만 문맥 교환에 의한 오버헤드를 감수해야 한다. 스케줄링 종류에는 RR(round robin), SRT (shortest remaining time)이 있다.

RR 방식은 준비상태 큐에 들어온 순서대로 시간 할당량(time slice)을 주어 CPU를 사용할 수 있도록 하는 방식으로, 시간 할당량이 크면 FIFO(first in first out, 줄서서 버스 기다리기) 기법과 같아져 순차

처리되고, 할당되는 시간이 작을 경우 문맥 교환 및 오버헤드가 자주 발생된다.

SRT 방식은 실행 중인 프로세스와 준비상태 큐 중 가장 짧은 실행 시간을 요구하는 프로세스에게 CPU를 할당하는 기법이다.

### ✔ 비선점(nonpreemptive) 스케줄링 방식

실행 중인 프로세스가 실행을 완료하거나 입출력 요구에 의해 중지될 때까지 실행되도록 보장하는 방식으로, 입력된 순서대로 처리하기 때문에 프로세스들을 바꾸는 횟수가 선점 방식보다 적어 문맥 교환에 의한 오버헤드가 적고, 일괄 처리 시스템에 적합하다.

비선점 스케줄링에는 FIFO(first-in first-out), FCFS (first-come first-service), SJF(shortest job first), HRN(highest response ratio next) 등이 있다.

FIFO와 FCFS는 준비상태에서 도착한 순서에 따라 CPU를 할당하여 처리하는 방식이고, SJF는 작업 실행 시간 추정치가 가장 작은 작업을 먼저 실행하는 방식으로 작업 실행 시간이 긴 작업의 경우 서비스를 받지 못하는 경우가 발생할 수 있어 에이징(aging) 기법(나이 먹이는 기법)을 사용하여 우선순위를 올려주는 방법을 사용한다. HRN은 처리 시간과 대기 시간을 고려하여 우선순위를 결정하는 방법이다.

### ✔ 문맥 교환(context-switch)

멀티태스킹 환경에서 CPU를 사용 중인 프로세스를 강제 중지하고 다른 프로세스가 CPU를 사용하도록 할 때 강제 중지를 당한 프로세스를 다시 실행하기 위해 프로세스의 상태(문맥)를 보관하고 새로 실행하는 프로세스의 상태를 적재하는 작업을 말한다.

## RR 방식

선점 알고리즘 중 RR 방식은 집에 새로 사온 게임기를 여러 친구들과 사용하는 방식이다. 일정한 시간(time slice: 10분)을 사용하고 다른 친구가 사용할 수 있도록 돌아가면서 게임하는 방식으로, 게임을 한번 한 친구는 자신의 차례가 오기를 기다면 되는 방식이다.

| A | B | C | D | A | B |
|---|---|---|---|---|---|
| 10분 | 10분 | 10분 | 10분 | 10분 | 10분 |

시간 할당(time slice)을 2시간으로 하면(크게 잡으면) 친구들이 도착하는 순서대로 게임을 하는 FIFO/FCFS 서비스와 같게 된다. FIFO는 큐라고 불리는 자료 구조를 사용한다.

먼저 도착한 데이터가 먼저 서비스 받는 구조

우선순위를 활용한 알고리즘은 FIFO를 기본으로 하여 대기 큐에서 기다리는 각 프로세스마다 우선순위를 부여하여 빠르게 처리한다. 병원 진료 시 예약환자, 응급환자는 대기 중인 환자보다 빠르게 진료 받을 수 있는 서비스와 같은 의미로 생각하면 된다.

# 플래시 메모리

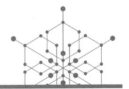

**정의** 플래시 메모리(flash memory)는 전기적으로 데이터를 지우고 쓸 수 있는 비휘발성 메모리인 EEPROM(E2PROM, electrically erasable programmable read-only memory)의 변형된 형태로, 추가 장비 없이 전기적으로 데이터를 지우고 기록할 수 있는 비휘발성 저장 매체를 말한다.

**해설** 플래시 메모리를 만드는 방법은 NAND 게이트로 구성된 비휘발성 메모리인 NAND 플래시 메모리와 NOR 게이트로 구성된 플래시 메모리인 NOR 플래시 메모리가 있다.
NOR 플래시 메모리는 메모리 셀을 병렬로 연결하여 구성한 메모리로, 각 셀을 개별적으로 접근하기 위한 전극 단자를 별도로 가지고 있는 형태로 나타낼 수 있다. 메모리 셀을 서랍에 비유한다면 튼튼하게 제작된 많은 서랍을 가지고 각각의 서랍에 데이터를 저장하는 방식으로 저장 위치 정보를 가지고 빠르게 접근할 수 있고, 튼튼한 서랍

속의 데이터는 안전하게 보관할 수 있으나 여러 개의 서랍이 필요하므로 대용량으로 구성하기가 어렵고, 집적도가 떨어지는 문제가 발생한다. 많은 서랍을 일일이 열어 데이터를 지우고 새로 써야 하므로 속도가 느린 단점을 가진다.

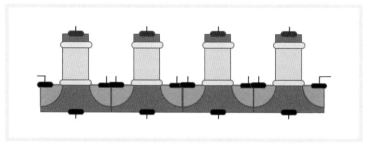

| NOR 플래시 메모리 구성도

NOR 플래시 메모리는 인텔과 AMD에서 생산하며 BYTE 단위로 접근이 가능하고, 데이터의 안전성을 보장할 수 있으며, 주소지정을 하는 회로가 있어 읽기 동작은 고속 랜덤 액세스가 가능하여 임베디드 시스템이나 휴대폰 등의 부트 및 프로그램 수행 영역에 사용되지만, 쓰기와 지우기는 느리고 집적도가 떨어지는 단점이 있다.

NAND 플래시 메모리는 최근 기술로 삼성, 도시바에서 생산하며, 셀을 직렬로 연결해 놓은 형태로 데이터를 페이지 단위(4~16KB)로 읽고 쓰기가 가능하고 지우기는 블록 단위로 가능하다. 읽기는 느리고 쓰기는 빠른 특징을 가지고 집적도가 높아 대용량 메모리에 적합하다.

NAND 플래시 메모리의 직렬로 연결된 셀은 각각의 셀의 단자를 연속되게 사용하여 데이터를 저장하는 방식으로, 서랍에 비유하면 튼튼하게 만든 각각의 서랍에 하나의 데이터를 저장하는 NOR와는 다르게 서랍에 칸막이를 하여 구획을 나누고 구획 안에 여러 개의 종이로 만든 데이터를 저장하는 방식이다.

다른 예를 들어보면, 하드디스크에 데이터를 저장할 때 폴더를 만들고 그 안에 데이터를 저장하는 것처럼 서랍 안에 폴더를 만들어 데이터를 저장한다고 보면 된다.

NAND는 서랍 안의 데이터를 읽을 때는 폴더 또는 파일에 들어 있는 데이터를 모두 검색해 봐서 원하는 데이터를 찾아야 하므로 읽기 속도가 느리고 쓰기 및 지우기는 하나의 서랍만 지우고(블록 단위) 순차적으로 데이터를 저장(쓰기는 페이지 단위)하면 되어서 빠른 속도로 처리하는 것이 가능하다.

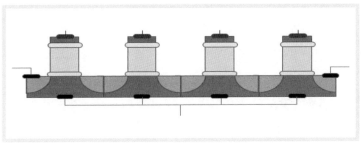

| NAND 플래시 메모리 구성도

서랍 안에 저장된 종이로 만든 데이터는 사용하는 과정에서 손상될 수 있는 환경에 더 많이 노출된다. 이렇게 손상되는 부분을 배드 블록(bad block)이라 하고 문제가 발생한 데이터 셀의 데이터를 제조사에서 미리 배드 블록에 대처하기 위해 추가 제공한 메모리에 데이터를 재배치해준다. 또한 일정한 영역의 셀만 집중하여 사용되지 않도록 하는 마모평준화(ware leveling) 기법을 사용하여 비교적 삭제 연산이 많이 발생하지 않은 블록을 선택하여 기록한다.

NAND 플래시 메모리는 소비전력이 적고 소형화가 가능하며 충격에 강하다는 장점 때문에 임베디드 환경에서 2차 저장매체로 널리 사용되어 왔으며, 최근 스마트폰의 등장과 SSD의 발전으로 인해 그 활용도가 점점 높아지는 추세에 있다.

## 플래시 메모리의 탄생

생각.거리.

플래시 메모리는 1984년 도후쿠(東北) 대학의 마츠오카 후지오(舛岡富士雄) 박사가 최초로 소개(논문 「A new Flash EEPROM cell using triple poly silicon technology」)했는데, 메모리의 내용을 지울 때 일순간에 한꺼번에 지워지는 과정을 의미하여 플래시 메모리라 한다.

EPROM이 패키지상의 창에 UV(자외선)를 이용하여 부유 게이트로부터 전자들을 이동시키던 방식을 전기적인 방식으로 전환시킨 것이 EEPROM이고, 한 번에 한 바이트씩(블록 또는 페이지) 소거하는 것을 일시에 소거하여 보다 빠른 소거 동작을 보장하는 것이 플래시 메모리다.

현재는 USB 메모리, 내비게이션, 휴대폰, 카메라 등의 메모리 카드로 CF/SD 카드, 하드디스크를 대체하고 있는 SSD(solid state drive)로 발전하고 있다.

# HDD

**정의**     HDD(hard disk drive)는 컴퓨터의 보조기억장치로 비휘발성 임의접근기억장치다. 비트 당 가격이 싸서 대용량으로 구현할 수 있는 저장 매체로, 회전하는 플래터에 헤드를 통해서 자화된 상태에 따라서 데이터를 읽고 쓰기를 할 수 있다. 플래터, 스핀들 모터, 헤드 등으로 구성되어 있다.

플로피디스크가 데이터를 저장하는 방식과 동일한 자기 기록 매체로, 데이터를 기록하는 디스크가 플라스틱이 아닌 산화금속막을 코팅한 알루미늄 원판이라서 하드라는 이름을 붙였다.

**해설**     컴퓨터의 성능을 평가하는 주요 부분은 CPU, RAM, HDD, 그래픽 카드 등으로 볼 수 있다. CPU와 RAM(주기억장치)의 속도 차이를 보완하기 위해 캐시 메모리를 추가하여 속도 차이를 없애려고 노력하고 있다. 그러나 플래터 위에 데이터를 자기 신호로 변환시켜 읽고 쓰는 기계적인 처리 속도를 가진 HDD가 빠르지 못해

HDD

전체적인 컴퓨터의 실행 속도가 느려지게 된다. 그래픽 카드는 빠른 그림의 변화와 색감의 변화를 가진 3D 게임을 하는 경우에는 성능에 큰 영향을 미치나 일반적인 업무를 처리하는 경우에는 큰 의미를 갖지 못한다.

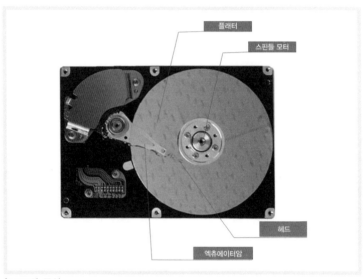

| HDD의 구성

### ✅ 플래터

알루미늄 원판 표면에 자성체인 산화철이 코팅된 것으로, 스핀들 모터에 의해 고속회전하고 그 위를 헤드가 접근하여 플래터 표면의 자기배열을 변경하여 데이터를 기록하고 판독한다. 빠른 데이터 처리를 위해서는 플래터의 회전 속도가 빨라야 한다. 하드디스크의 규격은 데이터 저장 용량, 회전 속도(RPM: revolutions per minute), 버퍼 용량을 표시한다.

## ✅ 스핀들 모터

플래터와 모터를 직접 연결한 축으로 회전 속도는 IDE나 SATA 방식의 RPM은 5,400, 5,900, 7,200, 서버에 쓰이는 SCSI 방식은 10,000, 15,000 등을 사용한다. 플래터의 회전 속도가 빠르면 데이터를 읽거나 쓰는 데 걸리는 시간이 빠르나, 발열 및 소음이 커지는 문제로 인해 요즘은 7,200RPM을 주로 많이 사용한다.

## ✅ 헤드

플래터가 회전할 때 헤드는 플래터 표면에서 나노미터(10억분의 1미터)만큼 떠서 플래터 표면에 코팅된 산화철의 자기배열을 자화(저장)/소거(삭제)하거나 저장된 정보를 읽는(read) 장치로, 헤드의 수는 플래터의 윗면과 아랫면을 모두 사용하면 플래터의 2배수가 필요하다. 헤드가 자기장의 변화를 기록하는 방식에는 수직 기록 방식과 수평 기록 방식이 있다.

버퍼는 하드디스크의 데이터를 주고받는 장치(RAM)로, 입출력장치(키보드, 프린터)에서 속도 차이를 줄여주기 위해 데이터를 일시적으로 저장했다가 한꺼번에 전송하는 소규모 메모리(32~128MB)로 전송 능력을 높일 수 있다.

카트리지는 하드디스크를 구성하는 요소를 밀봉하는 알루미늄 케이스를 의미하며, 내부의 헤드와 플래터에 먼지나 기타 이물질이 들어가지 못하도록 밀봉하지만 필터가 있어 진공상태를 유지하지는 않는다.

크기에 따른 분류는 초소형 컴퓨터에 쓰이는 1.8인치, 일반 노트북용 하드로 사용하는 2.5인치, 데스크톱용으로 사용하는 3.5인치 등이 있다.

HDD

## ✅ 하드디스크 관련 용어

### ▪ 트랙(track), 섹터(sector)

트랙은 헤드가 플래터 위에 그리는 동심원, 즉 중심으로부터 같은 거리에 있는 점들의 모임으로 데이터를 저장하는 영역을 말하는데 여러 개의 섹터로 나뉘어 주소지정 시 사용된다.

### ▪ 실린더(cylinder)

여러 개의 플래터를 세로로 묶어 각 플래터의 동일한 트랙을 원통 형태로 묶어 구분하는 단위를 말한다.

### ▪ 클러스터(cluster)

컴퓨터가 하드에 데이터를 한 번에 읽고 쓸 때 사용하는 데이터의

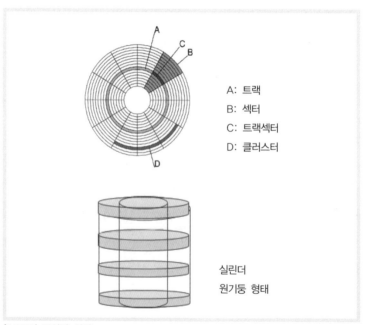

A: 트랙
B: 섹터
C: 트랙섹터
D: 클러스터

실린더
원기둥 형태

| HDD의 구성별 위치

묶음으로 512바이트의 섹터가 가장 작은 단위로 기본 할당 크기이나 하드디스크의 용량이 커지면서 섹터마다 저장되어 있는 에러 체크용 정보에 의한 오버헤드를 줄이고, 데이터 저장 영역을 효율적으로 활용하기 위해 4~64KB까지로 묶어서 사용한다.

하드디스크의 라벨에 붙어 있는 용량과 컴퓨터에서 사용하는 용량에 차이가 발생한다. 컴퓨터는 2진법을 기본으로 사용하기 때문에 저장 장치의 단위를 2의 거듭제곱 형태로 사용하지만 디스크 제조사에서는 하드디스크 용량을 10의 거듭제곱 형태로 표현하기 때문이다.

1GB의 저장 용량은 컴퓨터에서는 $\qquad$ $2^{30}\,Byte = 10^9\,Byte$

$$10억\,7,374만\,1,824 = 10억$$

| 저장 용량 | 단위 | 처리 |
|---|---|---|
| 1,073,741,~~824~~ | Byte | |
| 1,073,~~741~~ | KByte | 3자리 지우고 K |
| 1,~~073~~ | MByte | 3자리 지우고 M |
| 1 | GByte | 3자리 지우고 G |

하드디스크 및 기타 저장장치의 용량 확인은 저장 용량에서 아랫자리부터 3자리를 지우고 단위를 K, M, G로 바꾸어준다.

하드디스크의 속도에서 접근 시간(access time)은 CPU의 전송 요청에 의해 데이터가 주기억장치에 전달되기까지의 시간을 의미하며, 접근 시간은 "탐색 시간 + 회전 지연 시간 + 전송 시간"으로 구성된다.

■ 탐색 시간(seek time)
디스크의 액세스 암에 연결되어 있는 여러 개의 헤드가 원하는 데이터가 있는 트랙으로 움직이는 데 걸리는 시간, 즉 데이터가 저장되어 있는 실린더까지 움직이는 시간이다.

HDD

■ 회전 지연 시간(rotational latency time)

헤드가 도착한 트랙(실린더)에서 플래터가 회전하여 원하는 섹터가 헤드까지 오는 데 걸리는 시간을 말한다.

일반 디스크의 회전 속도는 3,600~15,000RPM으로, 한 바퀴 회전에 걸리는 시간은 16.7~4ms이고 7,200RPM은 60초/7,200회=8.3ms 정도의 시간이 걸린다.

■ 전송 시간(transfer time)

원하는 섹터의 데이터를 읽거나 저장하는 데 걸리는 시간으로, 디스크와 주기억장치 사이의 데이터 전송 시간을 말한다.

하드디스크 접근 시간 중 헤드를 원하는 트랙까지 이동시키는 데 자기장 속에서 움직이는 기계적인 구동부가 존재하기 때문에 기계적인 동작 부분이 가장 많이 필요한 탐색 시간이 가장 큰 비중을 차지하고, 탐색 시간은 10~30ms 정도다.

하드디스크의 접근 속도를 높이기 위해 플래터의 회전 속도인 RPM이 높아야 하고, 데이터를 저장하는 자기 기록 밀도를 높이면 좀 더 빠른 접근 시간을 기대할 수 있다.

## HDD의 진화

컴퓨터 저장장치는 1900년대 초기 자동으로 동작하는 기기에 사용되던 천공 카드 방식을 사용했으나 용량과 보관의 문제로 자성물질로 코팅한 플라스틱 테이프를 이용하는 자기 테이프 기록 장치를 개발했다.

최초의 HDD는 1956년에 미국의 IBM 사에서 IBM-305 RAMAC (random access method of accounting and control)라는 이름의 컴퓨터를 출시할 때, 1,200RPM으로 자성물질로 코팅한 지름 24인치의 플래터 50장을 회전시키며 고속으로 데이터를 읽거나 쓸 수 있는 약 4.8MB(mp3 1곡 또는 사진 1장 저장)의 데이터를 저장할 수 있는 용량을 가진 하드디스크를 개발했다.

IBM-305 RAMAC(HDD를 사용한 최초의 컴퓨터)

개인용 컴퓨터의 하드디스크는 1980년에 미국의 시게이트(Seagate) 사가 개발한 5.25인치 하드디스크 드라이브 'ST-506'이 최초다. 이후 1988년에 코너페리퍼럴(Conner Peripheral) 사가 현재 사용하고 있는 3.5인치 폼팩터와 동일한 CP3022를 개발했다.

1983년 IBM PC XT에 10메가 하드디스크(Seagate ST-412)가 사용되고, 1990년대 AT 컴퓨터에 하드가 기본으로 장착되면서 HDD 시장이 급격하게 팽창하여 현재에 이르고 있다.

HDD는 수년 전보다 저장 용량, 버퍼 용량을 키우고 있으며, 자기기록 밀도를 개선하기 위한 기술을 개발하고 있다. 자기기록 밀도를 높이기 위한 시도로 2013년 10월에 시게이트 사는 HAMR (heat assisted magnetic recording, 열 보조 자기기록) 방식을 개발했다. 현재 연구 중인 DNA 스토리지(storage) 기술은 DNA 염기를 0과 1로 치환하여 디지털 데이터를 저장하는 미래의 저장장치 기술이다.

# IP 주소

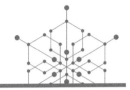

**정의**   IP(internet protocol) 주소는 네트워크에서 장치들이 서로를 인식하고 통신하기 위해 필요한 이름(번호)이다.

**해설**   인터넷은 전 세계를 아우르는 거대한 정보통신망으로, 장치들이 통신을 하기 위해 다른 장치를 호출할 수 있도록 각 장치에 이름을 부여해야 하는데 이것을 문자가 아닌 숫자로 나타낸 것을 IP 주소라 한다. 인터넷에 접속하는 장치(컴퓨터, 노드)에서 사용하는 이름(IP 주소)이므로 2진수로 표시한다.

IP는 4byte(32비트)로 8비트씩 점으로 구분하여 32비트 2진수로 컴퓨터를 구분할 수 있는 이름을 지정하여 사용한다.

1111 1111   .   1111 1111   .   1111 1111   .   1111 1111

  8비트         8비트         8비트         8비트

8비트로 표현 가능한 경우의 수는 $2^8$=256가지(0~255)로 표현할 수 있다.

의미 없는 2진수를 10진수로 바꾸어 표시하면, 0.0.0.0~255.255.255.255 가지를 장치 이름(주소 지정)으로 사용할 수 있다.

이론적으로는 약 42억($2^{32} = 2^2 \times 2^{30} = 4 \times 1,073,741,824$ ) 대의 장치를 주소 지정할 수 있다. 0.0.0.0~0.255.255.255(Zero 주소), 127.0.0.0~ 127.255.255.255(Local host), 등 몇 몇 번호들은 특별한 용도로 예약되어 있다.

IPv4 주소는 인터넷 주소 자원 관리 기관인 KRNIC(한국인터넷정보센터)가 아·태지역 인터넷 주소 자원 관리 기관인 APNIC으로부터 IP주소를 제공받아 할당한다. 전 세계의 IP주소는 IANA(Internet Assigned Names Authority)에서 부여한 네트워크 주소와 네트워크 상의 개별 호스트를 식별하기 위해 네트워크 관리자가 부여한 호스트 주소로 구성된다.

IPv4 주소 보유 순위는 미국이 16억 개를 할당받아 사용하고, 한국은 1억 1,000만 개(2016년 11월 14일 현재 세계 6위)를 할당받아 사용하고 있다.

네트워크의 크기나 호스트의 수에 따라 A, B, C, D, E 클래스로 나뉘고 A, B, C 클래스는 일반 사용자에게 부여하는 네트워크 구성용, D 클래스는 멀티캐스트용, E 클래스는 향후 사용을 위해 예약된 주소다.

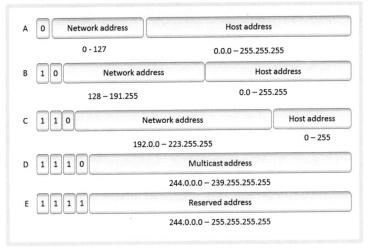

| IP 주소 구조

IP 주소에는 네트워크(network) 주소와 호스트(host) 주소가 있고, 네트워크 주소는 한 네트워크의 범위를 지정하여 관리하기 위한 것이고, 호스트 주소는 컴퓨터들을 구분하기 위해 사용한다.

IPv4는 8비트 단위이므로 범위가 $2^8$= 256개 가지다. 숫자로는 0~255까지다.

❶ 256/2 = 128-1 = 127(A Class 범위: 0~127)

❷ 128/2 = 64+127 = 191(B Class 범위: 128~191)

❸ 64/2 = 32+191 = 223(C Class 범위: 192~223)

❹ 32/2 = 16  ⇨ D Class와 E Class를 동일하게 가진다.

다시 정리하면

| 클래스 | 네트워크 | | 경우의 수 | | 0~127 |
|---|---|---|---|---|---|
| A | 7비트 | $2^7$ | 0~127 | | 0~127 |
| B | 6비트 | $2^6$ | 0~64 | 128~(127+64) | 128~191 |
| C | 5비트 | $2^5$ | 0~32 | 192~(127+64+32) | 192~223 |
| D | 4비트 | $2^4$ | 0~16 | 224~(127+64+32+16) | 224~239 |
| E | 4비트 | $2^4$ | 0~16 | 240~(127+64+32+16_16) | 240~255 |

IPv4는 사물인터넷, 각종 웨어러블 기기의 등장으로 주소 고갈 문제에 당면하고 있고 해킹에 대한 우려와 멀티미디어 데이터 전송에 필요한 대역폭 확대 등 다양한 문제가 발생하고 있어 이를 해결하기 위한 방법으로 IPv6가 제정되었다.

IPv6는 128비트 길이(16바이트)로 기본 구조는 네트워크 주소 64비트와 호스트 주소 64비트로 구분된다.

IPv6 주소의 텍스트 형태는 xxxx:xxxx:xxxx:xxxx:xxxx:xxxx:xxxx:xxxx 16진수 4자리를 콜론으로 구분하고 있다. IPv4 주소의 문제점을 해결할 수는 있지만 아직까지는 연구용으로 사용되고 있다.

## 도메인 네임

웹서버와 같이 서비스를 제공하는 컴퓨터는 숫자로 이루어진 IP 주소를 사람이 기억하고 찾아가서 활용하기 곤란하기 때문에, IP 주소를 인간이 식별하기 쉬운 문자 형태로 변환하여 사용한다. 2진수로 구성된 IP주소는 192.168.10.10처럼 10진수로 바꾸어 표기하지만 무의미한 숫자의 나열로 사람이 기억하기에는 한계가 있어 문자로 표기한 것을 도메인 네임이라 한다. 도메인 네임(domain name)은 www.buwon.hs.kr과 같이 표시되며 각각의 문자는 고유한 의미를 가진다(www: 서버의 이름, buwon: 기관의 이름, hs: 기관의 특성, kr: 기관의 국가).

사용자가 웹브라우저의 주소창에 www.buwon.hs.kr라고 입력하면 브라우저는 www.buwon.hs.kr의 IP 주소를 도메인 네임과 IP 주소 변환 테이블을 가지고 있는 DNS(domain name system)에 질의해서 IP를 획득하고 이를 통해 원하는 웹사이트를 검색할 수 있게 해준다.

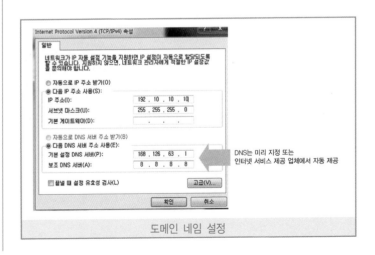

도메인 네임 설정

실생활을 예로 들면 저녁에 야식으로 치킨을 먹고 싶을 때 ○○
치킨 전화번호가 생각나지 않으면 114에 전화를 걸어 ○○치킨
전화번호를 문의하여 ○○치킨을 배달시켜 먹을 수 있다. 이때
우리가 알고 있는 ○○치킨은 도메인 네임이고, 114는 DNS에 해
당하며, 전화번호는 ○○치킨을 찾아가는 IP 주소에 해당된다.

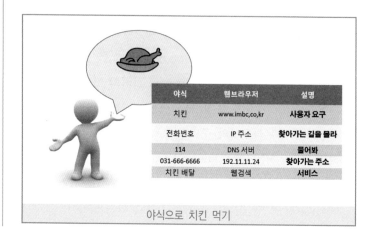

| 야식 | 웹브라우저 | 설명 |
|---|---|---|
| 치킨 | www.imbc,co,kr | 사용자 요구 |
| 전화번호 | IP 주소 | 찾아가는 길을 몰라 |
| 114 | DNS 서버 | 물어봐 |
| 031-666-6666 | 192.11.11.24 | 찾아가는 주소 |
| 치킨 배달 | 웹검색 | 서비스 |

야식으로 치킨 먹기

# QR 코드

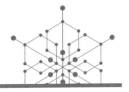

**정의**　QR(quick response) 코드(정보무늬)는 정보를 흑백 격자무늬 패턴으로 나타내는 사각형의 이차원 바코드로, 사진 및 동영상, 지도, 명함 등 다양한 정보를 저장할 수 있고, 고속 인식이 특징이다.

**해설**　QR 코드의 특징은 대용량 정보 수납, 작은 공간에 인쇄 가능, 일본어·한자를 효율적으로 표현, 오염·손상에 강함, 360° 어느 방향에서도 인식 가능, 연속 기능 지원 등이 있다.

QR 코드는 20자리 정도의 정보를 저장하는 바코드의 수백 배(7,089 문자) 정보를 취급할 수 있고 숫자, 영자, 한자, 한글, 기호, 바이너리(binary), 제어 코드 등 다양한 데이터를 처리할 수 있다. 마이크로 QR 코드는 더 작은 공간에 표현이 가능하다.

오류 복원 기능을 가지고 있어 코드의 일부가 손상되어도 데이터를 복원할 수 있고, QR 코드 안에 3개의 '위치 찾기 심벌'로 배경 모양의 영향을 받지 않고 360° 어느 방향에서든지 고속 인식이 가능하다.

위치 찾기 심벌

데이터 영역

셀(cell)

| QR 코드

위치 찾기 심벌을 네모난 모양으로 사용한 이유는 장부나 전표 등에 가장 출현율이 낮은 도형이기 때문이다.

QR 코드는 코드화하고자 하는 데이터를 분할하여 표현할 수 있다. 여러 QR 코드로 나뉘어 저장된 정보를 1개의 데이터로 연결하는 것이 가능하다. 스캐너나 스마트폰의 어플을 사용하여 정보를 활용한다. QR 코드의 버전은 1~40으로 구성되어 있으며, QR 코드를 구성하고 있는 사각의 흑백 점을 셀이라 하고 각 버전마다 셀 구성(셀 수)이 정해져 있다. 버전1(21×21cell)로 시작하여 가로/세로 각각 4cell씩 늘어나서 버전40(177×177cell)으로 설정되어 있다.

QR 코드는 코드의 오염이나 손상에도 코드 자체에 데이터를 복원하는 4단계 "오류 복원 레벨"이 있어서 사용 환경, 코드 크기 등을 고려하여 결정한다. 코드가 오염되기 쉬운 환경에서는 레벨Q(25%) 또는 H(30%)를 선택하고, 오염물질 발생이 적은 경우에는 레벨 L(7%)을 선택할 수 있다. 일반적으로는 레벨M(15%)으로 운용한다.

## QR 코드의 기능

QR 코드의 개발은 바코드의 용량을 영·숫자로 최대 20자로 적어서 "코드에 좀 더 많은 정보를 담고 싶다", "한자나 일본어도 표현하고 싶다"는 요구에 따라 덴소 사업부의 개발 팀(2명)은 1차원의 바코드에서 벗어나 세로와 가로 2차원으로 정보를 담을 수 있는 방법을 가지고 고속으로 코드를 인식시킬 궁리를 한 끝에 QR 코드가 여기에 있음을 알리는 정보로 위치 찾기 심벌을 넣기로 했다.

위치 찾기 심벌은 광고, 잡지, 박스 등의 인쇄물 중 가장 드물게 사용되는 비율(1 : 1.3 : 1.1)을 찾아 흑백 부분의 비율을 정함으로 고속 인식이 가능한 코드를 개발했다. 이 코드는 숫자로 7,000 문자, 한자 표현도 가능하고 대용량이면서 다른 코드에 비해 10배 빠른 QR 코드가 탄생했다.

명칭은 1994년에 일본의 도요타 자동차의 자회사인 덴소 웨이브가 발표한 QR 코드라는 이름은 "quick response"에서 유래했으며, 고속 인식에 중점을 두어 개발했다.

특허권을 가진 덴소 웨이브는 이 표준화된 기술에 대한 특허권을 행사하지 않을 것을 선언하여 전 세계적으로 널리 사용하는 기술이 되었고, 버전은 1부터 40까지 지원하고 있다.

| QR코드 모델1 모델2 | Micro QR코드 | iQR코드 | SQRC | Frame QR |
|---|---|---|---|---|

QR 코드의 다양한 모델

QR 코드의 종류는 맨 처음 만들어진 QR 코드 모델1, 현재 널리 사용하는 QR 코드 모델2, 위치 찾기 심벌을 하나로 줄여 더욱 작은 공간에 인쇄가 가능하고 마진도 2셀분만 있으면 기능을 발휘하게 만든 Macro QR 코드, 정보의 고밀도화 및 직사각형 모양으로 인쇄 가능한 iQR 코드, 데이터를 공개부와 비공개부로 구성하여 개인 정보나 사내 정보 관리 등에 활용할 수 있는 SQRC, 코드 안에 문자나 화상을 자유롭게 사용할 수 있는 캔버스 영역을 가진 Frame QR 등이 있다.

QR 태그의 활용 분야는 오프라인과 온라인을 연결해주는 하이퍼링크 기능을 수행할 수 있다. 바코드보다 많은 정보를 표현할 수 있어 부품·상품 관리 및 상세한 정보 제공을 목적으로 편리하게 사용할 수 있어 바코드의 자리를 빠르게 대체해 나갈 수 있을 것이다.

■ 바코드

굵기가 다른 흑백 막대로 1차원으로 조합시켜 만든 코드로 EAN-13의 바코드는 상품에 관계없이 국가 코드(3자리)+생산자 번호+상품번호+체크 섬(1자리)으로 구성되어 있고 대한민국의 국가 코드는 880이다.

QR 코드

# SSD

SSD(solid state drive)는 컴퓨터의 HDD(hard disk drive)를
대체하고 있는 NAND 플래시 메모리를 사용하는 대용량의
저장장치로, 기계적인 구동부(스핀들 모터)가 없어 소음이 없으며 소
비전력 및 발열이 적고 빠른 입출력 속도를 가지는 보조기억장치다.

SSD의 내부는 PC와 연결되는 인터페이스(SATA-3)와 플래
시 메모리, 컨트롤러(controller), 버퍼(buffer) 메모리로 구
성되어 있다.

컨트롤러는 PC와 메모리 사
이의 데이터 교환 작업을 제
어하고, 메모리를 관리하며,
데이터를 그림의 8개 NAND
플래시 메모리에 나눠 저장
한다.

ㅣSSD의 내부 구조

버퍼로 사용되는 DRAM은 외부 장치와 SSD 간의 처리 속도 차이를 해결하기 위해 데이터를 모았다가 한꺼번에 전송하는 역할을 수행하는 소규모의 임시기억장치다. 버퍼는 약수터 거북이등의 약수 저장소(양동이)로 생각하면 된다. 약수를 먹을 사람은 졸졸 나오는 약수를 먹으면 되지만(느린 속도) 물통을 가지고 온 사람은 약수 저장소(거북이등)에서 받아 가면(빠른 속도) 된다.

NAND 플래시 메모리의 데이터 저장은 상단의 컨트롤 게이트(control gate)에 전압을 걸면 소스에서 드레인으로 이동하던 전자의 일부가 절연체인 산화막을 통과하여 플로팅 게이팅(floating gate)에 끌려들어 가서(터널 효과) 전자를 채우고(터널 주입) 컨트롤 게이트에 전압을 끊으면 플로팅 게이트에 이동했던 전자는 절연체인 산화막에 의하여 플로팅 게이트에 갇혀 전자가 채워진 상태를 유지한다. 보통 플로팅 게이트에 갇힌 전자는 셀의 방식에 따라 5~10년까지 유지된다. 지우기는 하단의 P층에 전압을 인가하면 저장과는 반대로 플로팅 게이트의 전자가 산화막을 통과하여 밖으로 빠져나와(터널 릴리즈) 플로팅 게이트의 안이 비워진다.

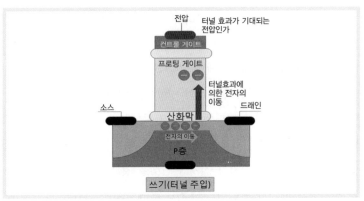

| 쓰기

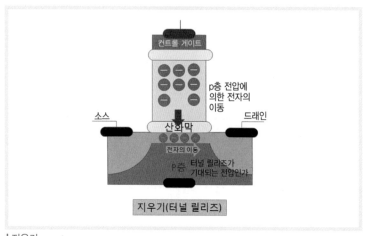

| 지우기

셀에 데이터를 저장하고 지우면 전자가 절연체인 산화막을 통과하는 터널 효과가 발생하는데, 산화막을 넘나드는 과정에서 일부 전자들이 산화막에 축적되는 현상에 의해서 산화막의 저항값이 커지고 이로 인해 동일한 터널 효과(동일한 양의 전자 이동 효과)를 발생시키기 위해 점점 더 높은 전압을 필요로 한다. 이때 작업에 인가해줄 수 있는 전압의 한계값이 되면 더 이상 쓰기와 지우기 작업을 수행할 수 없게 되고 수명을 다한 메모리 중 도시바 Q300 PRO는 읽기전용 모드로 전환된다.

읽기 작업은 컨트롤 게이트에 터널 효과가 일어나지 않을 정도의 전압을 걸어주면 발생하는 전기장의 영향으로 하단의 P층의 정공(+)이 밀려 내려가 N 채널의 전도 폭이 늘어나는 효과가 나타난다. 즉, 컨트롤 게이트의 전압에 의해 N 채널의 전도 폭이 변화한다. 이때 플로팅 게이트에 채워진 전자가 전기장 간섭을 일으켜 N 채널에 도달하는 전기장의 세기가 변한다. 즉, 컨트롤 게이트에 전압을 걸었을 때

플로팅 게이트의 전자의 유무에 따라서 N 채널의 전도 폭이 달라지고 이때 소스에서 드레인으로 흐르는 전류값을 분석하면 플로팅 게이트에 채워진 전자의 양을 파악할 수 있다.

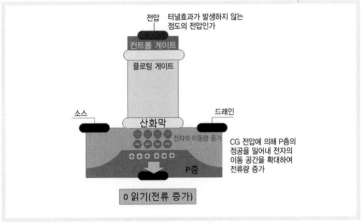

|0 읽기

SSD

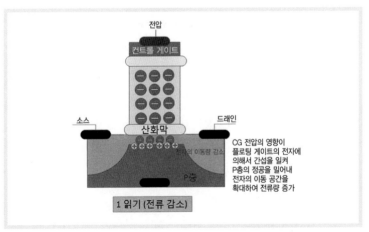

|1 읽기

## 플래시 메모리의 방식과 특성

NAND 플래시 메모리의 세 가지 방식 SLC, MLC, TLC의 차이와 특성은 다음과 같다.

SLC(single level cell)
하나의 셀에 1bit(2)의 정보를 저장, 채우면 1, 비우면 0.

MLC(multi level cell)
하나의 셀에 2bit(4)의 정보를 저장, 비우면 0, 1/3을 채우면 1, 2/3를 채우면 2, 다 채우면 3으로 네 가지 경우 저장.

TLC(triple level cell)
하나의 셀에 3bit(8)의 정보를 저장.

플로팅 게이트에 전자를 채우기 위하여 컨트롤 게이트에 특정 전압을 걸어주는데 SLC는 0과 1을 표시하기 위해 2개의 전압 레벨, MLC는 간섭을 받지 않는 4개의 전압 레벨, MLC는 8개의 전압 레벨을 가진다. 플래시 메모리 셀을 사용하다 보면 산화막에 서서히 전자가 쌓이고 이로 인해 저항값이 커지면 터널효과에 의해 플로팅 게이트에 전자를 넣기 위해서 전압을 높여야 하는데, 전압 간의 간격이 매우 좁은 8개 전압 레벨은 전압을 높이는 한계에 빨리 도달하고 전자의 양에 대한 오류가 많이 발생한다.

발생하는 오류를 검출하고 수정할 수 있도록 데이터와 함께 ECC 오류 검출 정보를 함께 저장해야 하는데, ECC 크기가 오류가 많이 발생하는 TLC는 커지게 된다.

낸드 플래시 메모리가 SLC 16G는 MLC 방식은 32G, TLC 방식은 48G의 용량으로 생각 할 수 있으나 ECC의 용량의 크기가 증가

하여 MLC 방식, TLC 방식으로 갈수록 전체 용량이 줄어들고 수명도
짧아진다.

☞ 스토리지 클래스 메모리(SCM: storage class memory):
  플래시 메모리에 RAM의 장점을 추가하여 비휘발성이고 바이트 단위의
  빠른 랜덤 액세스를 지원하는 차세대 메모리.

SSD

# TCP/IP

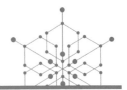

**정의** TCP(transmission control protocol)/IP(internet protocol)은 인터넷 표준 프로토콜로 컴퓨터의 데이터 통신을 위해서 만들어진 프로토콜이다.

이는 데이터를 목적지에 보낼 때 패킷 단위로 쪼개고 포장해서 어떤 방법으로 안정적으로 보낼지에 대해 미리 정해놓은 약속이다.

**해설** TCP는 전송과 관련된 통제를 하는 프로토콜(통신 규약, 약속)이고, IP는 인터넷에서 특정한 위치를 지정하는 방법과 절차를 담고 있는 프로토콜이다.

TCP/IP는 여러 개의 네트워크를 연결해서 데이터를 서로 주고받고 상호 연결하기 위한 프로토콜로, 컴퓨터 네트워크에서 데이터를 패킷으로 분해하여 전송한다.

컴퓨터와 네트워크 기기가 상호간에 통신하려면 서로 같은 방법으로 통신해야 한다. 상대를 찾아 시작하고 어떤 언어로 이야기하고 종료할 것인지에 대한 규칙이 필요하다. 서로 다른 하드웨어와 운영체제 등이 서로 통신을 하기 위해서 통신에 필요한 모든 요소에 대한 규칙을 정하는데, 그것을 프로토콜이라 한다.

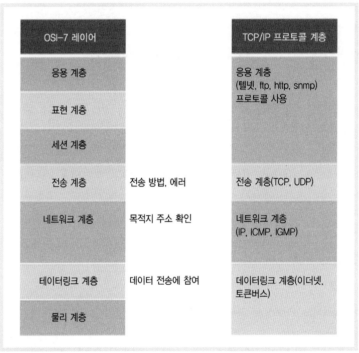

| TCP/IP와 OSI-7 비교

TCP/IP는 통신을 하기 위한 요소를 4개의 계층으로 구분하여 다양한 기기와 통신할 때 필요한 부분만 수정할 수 있도록 했다.
애플리케이션 계층은 유저가 사용하는 특정한 목적을 위한 소프트웨어를 실행한다.

■ Telnet

사용 권한을 가지고 다른 사람의 컴퓨터를 원격지에서 액세스할 수 있는 프로토콜.

■ FTP(file transfer protocol)

시스템 간에 파일을 전송하기 위한 프로토콜.

■ SMTP(simple mail transfer protocol)

사용자 간에 전자 메일을 주고받기 위한 프로토콜.

■ HTTP(hypertext transfer protocol)

웹상에서 파일(텍스트, 그래픽 이미지, 사운드, 비디오, 기타 멀티미디어 파일)을 주고받는 데 필요한 프로토콜.

트랜스포트 계층은 컴퓨터 사이의 연결을 맺고 데이터를 전달할 수 있는 기능을 수행한다.

■ TCP

Transmission Control Protocol ⇨ 연결 지향형

■ UDP

User Data Protocol ⇨ 비연결 지향형

네트워크 계층(인터넷 계층)은 전송하는 데이터의 최소 단위인 패킷 이동의 제어(패킷을 전달하고 경로를 선택-라우팅) 기능을 수행한다. 링크 계층(데이터 링크 계층, 네트워크 인터페이스 계층)은 네트워크에 접속하는 하드웨어와 물리적 인터페이스를 제어한다. TCP 연결 설정은 3-way handshaking 방법을 사용한다.

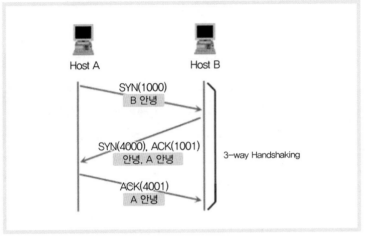

## 1. 안녕? ⇨ 2. 안녕, 너도 안녕 ⇨ 3. 나도 안녕

Host A      Host B

SYN(1000)
B 안녕

SYN(4000), ACK(1001)
안녕, A 안녕

ACK(4001)
A 안녕

3-way Handshaking

I 3-way handshaking

서버와 클라이언트 간에 데이터를 신뢰성 있게 전달하기 위해 만들
어진 프로토콜로, 전송 중 발생하는 오류를 수정하는 작업을 한다.
데이터를 패킷으로 나누어 전송 시 전달되는 과정에서 패킷이 손실
되거나, 여러 개로 나뉜 패킷이 서로 다른 경로를 통해 목적지에 전달
될 수 있어 보낸 순서와 뒤바뀌어서 수신 측에 전달될 수 있는데,
TCP는 오류를 검색해내고, 순서를 재조합할 수 있도록 해준다.
TCP는 데이터를 전송하기 전에 데이터 전송을 위한 연결을 만드는
연결 지향 프로토콜로, 패킷이 빠졌을 경우 재전송을 요청하는 기능
이다. 패킷에 일련번호를 줌으로써, 서로 다르게 도착될지도 모르는
패킷의 순서를 재조합하는 기능을 가진다.

TCP/IP

## IP(internet protocol)

패킷에 목적지 주소를 할당한 다음 목적지까지 전송하는 역할을 하는 프로토콜로, 패킷은 보내는 컴퓨터와 이를 받는 컴퓨터의 주소가 필요하다. IP는 각 패킷의 주소 부분을 처리함으로써(보내고 받는 컴퓨터의 주소), 패킷들이 목적지에 정확하게 도달할 수 있게 한다. 하지만 IP는 비신뢰성(unreliability)과 비연결성(connectionlessness)의 특징을 갖기 때문에 보낸 정보가 제대로 갔는지 보장하지 않는다. 즉, IP는 패킷에 주소를 지정할 뿐 전송에 관여하지 않는다. 인터넷상의 게이트웨이는 패킷의 전달 경로를 설정하기 위해 패킷에 기록된 IP 주소를 확인하여 전달 경로를 설정한다.

# 4차 산업혁명

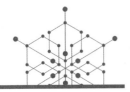

정의　4차 산업혁명(4IR: fourth industrial revolution)은 3차 산업
혁명을 기반으로 한 디지털과 바이오 산업, 물리학 등의 경
계를 융합하는 기술혁명을 말한다. 정보통신기술(ICT)이 제조업뿐
아니라 전통 산업에 접목되고 융합되는 차세대 산업혁명이다.

해설　산업혁명은 1784년 증기기관을 활용한 기술의 혁신과 이로
인해 소비재와 경공업을 중심으로 일어난 변화를 말한다.
대량생산과 인쇄술에 따른 사회 변화로 이야기되는 1차 산업혁명 이
후, 1차 산업혁명의 연장선에서 볼 수 있는 2차 산업혁명은 1870년대
부터 시작된 전기 동력을 이용한 컨베이어벨트의 자동화, 석유 동력
의 내연기관화 등 중화학 공업이 시작이다.
현재 진행 중인 3차 산업혁명은 인터넷과 재생 가능 에너지의 결합이
가져올 협업시대로 자발적이고 민주적인 환경에서 소셜미디어, 3D
프린터, 소유에서 공유로의 사회 요구 변화 등으로 핵심 요소는 재생

에너지의 생성-전환-저장-교환-공유와 관련한 기술과 인프라다. 즉, 협업 시대는 창의성과 상호작용, 사회적 자본, 개방형 공유체제 참여, 글로벌 네트워크 접속 등을 더욱 중시한다.

미국의 경제사회학자 제레미 리프킨(Jeremy Rifkin)은 3차 산업혁명에서 새로운 커뮤니케이션 기술과 새로운 에너지 체계의 결합이 공유를 중심으로 한 수평적 권력구조로 재편되면서 제3차 산업혁명을 만든다고 주장했다.

3차 산업혁명의 5가지 핵심 요소는 다음과 같다.

① 재생 에너지로 전환
② 모든 대륙의 건물을 재생 에너지를 생산하는 미니 발전소로 변환
③ 수소 에너지 기술 등을 활용해 에너지를 보존 · 저장
④ 인터넷 기술을 활용하여 에너지 공유 그리드로 에너지 공유
⑤ 전원 및 연료전지 차량

재생 가능한 에너지를 지능화된 네트워크를 통해 수평적으로 공유하는 분산 자본주의(distributed capitalism) 시대를 전망한다. 3차 산업혁명 시나리오의 가장 큰 문제는 성장의 종말과 일자리의 감소로 인한 고용을 유지하기 위한 "협력과 공동체의 추구"라는 사회적 가치가 필요하다는 것이다.

제4차 산업혁명은 정보통신기술의 발달로 인공지능에 의해 자동화와 연결성이 극대화되는 융합과 연결이 주가 되는 산업 환경의 변화를 의미한다. 4차 산업혁명의 특징은 사람과 사물, 사물과 사물이 인터넷 통신망으로 연결되는 초연결성, 연결에 따라 발생하는 빅데이터를 분석하여 일정한 패턴을 파악하는 초지능성, 분석 결과를 바탕으로 인간의 행동을 예측하고 대응하는 예측 가능성에 있다.

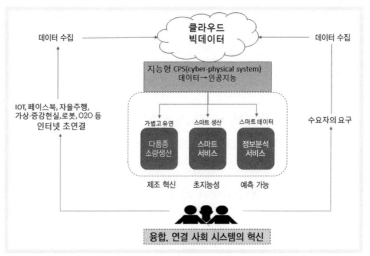

| 융합 · 연결 사회 시스템의 혁신

사용자들이 사용하는 정보통신기술인 사물인터넷(IoT), 소셜미디어 플랫폼, 인공지능, 3D 프린팅, 자동차의 자율 주행 기능, 바이오테크놀로지, O2O(online to offline) 등이 4차 산업혁명으로 더욱 활발하게 꽃을 피울 주요 기술이다. 사물인터넷을 통해 모아진 데이터를 클라우드에 저장하여 빅데이터를 모은 뒤 인공지능을 기반으로 사이버 세계와 물리적 세계를 네트워크로 연결한 지능형 CPS(cyber-physical system)을 구축하여 사용자의 행동을 예측하고, 요구를 적절한 서비스를 만들어 연결과 융합에 의한 새로운 서비스와 비즈니스 모델을 만들어낼 수 있다

4차 산업혁명

## 우리나라의 4차 산업 구상

4차 산업에 대한 각국의 전략은 빅데이터, 클라우딩 컴퓨터 등의 생태계를 선점하고 있는 미국, 인더스트리 4.0을 중심으로 제조 시스템의 혁신을 꾀하고 있는 독일, 인간에게 도움을 주는 로봇 서비스를 주도하는 일본, 거대 자본과 시장을 기반으로 한 노동집 약형 제조업을 스마트 제조업으로 전환하고 있는 중국 제조 2025 등이 있다.

우리나라는 4차 산업혁명의 핵심 동력인 IoT, 클라우드 컴퓨팅, 빅데이터, O2O 분야에서 2017년 상반기 내에 IoT 전용 전국망을 구축해 IoT 생태계를 마련하고, 클라우드 분야는 물리적 서버 망 분리 규정을 개선해 민간 분야의 클라우드 확산을 도모하고 빅데 이터 활성화를 위해 개인정보 보호 및 비식별 개인정보 활용을 위한 제도 개선 및 O2O 서비스의 다양한 규제 현안을 기업의 요구를 반영하여 해결한다는 계획이다.

# 5G(5세대)

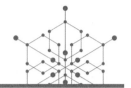

정의 5G(5generation) 통신의 공식 용어는 IMT-2020으로, 5G 기술은 아직 국제 표준 미정이다. 5G는 다음과 같은 의미를 지닌다.

❶ 사람 이외에 주변의 물건, 자동차 등의 사물을 대상으로 하는 사물인터넷을 말한다.

❷ 기가급 유비쿼터스 네트워크를 사람과 사물을 포함한 모든 사용자에게 비용과 에너지 효율적으로 제공하는 통신 서비스를 말한다.

❸ 디바이스들이 5G 네트워크를 통해 연결되어 초고속, 대용량, 초연결, 초실시간의 서비스가 가능하여 이전과는 다른 새로운 가치를 제공한다.

### ✅ 1G

1984년 아날로그 방식의 1세대 이동통신이 전화만 가능한 형태로 수도권 지역에서 처음 서비스되었다.

### ✅ 2G

2세대 이동통신은 디지털 방식을 채택해 음성 통화 중심의 휴대전화 대중화를 이끌었고, 통신사별 식별번호인 011(SK텔레콤), 016(KT), 017(SK텔레콤), 018(KT), 019(LG유플러스)의 번호를 유지한 채로 다른 통신사로 옮길 수 있었으며, CDMA(코드 분할 다중 접속) 방식을 사용했다. 이때부터 14.4Kbps의 데이터 통신이 가능해서 문자 서비스(SMS: short messaging service) 등의 데이터 전송이 가능한 수준을 제공했다.

### ✅ 3G

3세대 이동통신은 CDMA-2000 1X EV-DO 방식으로 2GHz 주파수 대역을 이용하여, 2~2.4Mbps의 속도를 제공하고 문자, 음성, 동영상 등 멀티미디어 데이터 전송 및 영상 통화, 인터넷을 가능하게 했다. 유심 칩을 사용하기 시작했으며, 통신사별로 다른 식별번호를 이때부터 010 번호로 통합했다.

HSDPA(high speed down link packet access, 고속 하향 패킷 접속) 기술을 WCDMA 방식에 적용하면서 이론상 14.4Mbps 속도로 다운로드를 제공하여 2010년 스마트폰의 출시에 도움을 주었다.

## ✅ 4G

4세대 이동통신은 2011년 LTE(long term evolution) 서비스가 상용화되면서 시작되었고, LTE와 와이브로의 핵심 기술은 주파수를 잘게 쪼개서 다중사용자 접속을 가능하도록 하는 OFDMA(orthogonal frequency division multiple access, 직교 주파수 분할 다중 접속) 방식을 사용한다.

ITU(International Telecommunication Union, 국제전기통신연합)는 4G 이동통신의 데이터 전송 속도를 저속에서 1Gbps, 고속에서 100Mbps의 속도로 규정하고 있다. 4G는 안테나를 여러 개 사용하는 다중 안테나(MIMO)를 채택하여 더 많은 데이터를 동시에 보낼 수 있고, 주파수의 대역폭(1.4~20$_{MHz}$)이 넓어 빠른 데이터 통신이 가능하여 데이터 응답 속도도 빨라지면서 모바일 게임이 급성장했다.

2018년 평창 동계올림픽에서 세계 최초로 5G 통신 서비스를 선보이기 위해 KT는 5G 통신망 시스템 개발과 검증을 완료하여, ITU가 2017년 스위스 제네바에서 연 회의에서 360 VR(가상현실) 생중계, 싱크뷰, 홀로그램 라이브, 5G 세이프티(safety) 등 시범 서비스 5개의 기술 요구사항과 시나리오를 제출하여 표준 문서 초안(draft recommendation)으로 채택되었다.

KT는 2018년 평창 동계올림픽 5G 서비스의 핵심 목표를 다음 3가지로 설정했다.

① 최대 속도 20Gbps(1Gbps는 1초에 10억 비트의 데이터 전송 가능)
② 1ms(0.001초) 이하의 전송 지연
③ 1km$^2$당 100만 개 이상 단말기 접속

5G에서 논의되고 있는 주요 기술은 다음과 같다.

① 센티미터파(3GHz~30GHz), 밀리미터파(30GHz~300GHz)의 초고
주파 광대역 폭을 활용한 초고속 데이터 전송 기술

② 별도의 용량을 갖는 신호를 다수의 단말에 안테나에서 방사되는
빔 스트림(stream)으로 분리하여 전송하는 대용량 다중 안테나 기
술(Massive MIMO)

③ Small Cell: 트래픽이 대량으로 발생하는 영역 내에 다수의 소형 기
지국(hot-spot, Pico 및 Femto)을 설치하여 HetNet(heterogeneous
network) 기반 네트워크 용량을 증대하는 기술

④ 혁신적인 이동통신 신호 처리 기술: 직교 주파수 다중화 방식과
전력 및 코드 다중화 방식을 추가하는 다양한 방식의 신규 이동통
신 신호 처리 기술(new radio access technology)

⑤ 5G 네트워크 운용 기술(5G operation & management): 이동통신
망을 구성하는 장비(기지국, RRU 등)의 운용에 필요한 주요 기능
을 자동화하여 네트워크 스스로 최적의 초기 설정 및 운용, 자율
적인 유지·보수 등을 수행하도록 만들어진 차세대 네트워크 운
용 기술

## 5G 이동통신의 파장

5G 이동통신으로의 진화로 다가올 미래에는 대폭 증대된 전송 속도로 인해 초고용량 영상 콘텐츠(8K-UHD_160Mbps)가 보편화되어 3D 영상 또는 홀로그램 서비스가 확대되고, 네트워크의 지연 시간이 수 ms로 양방향 초실시간 서비스(원격 의료, 초정밀 자동화, 자동 주행 차량)가 실현되어 기기 간 통신 서비스가 가능해진다. 또한 초실시간 처리와 고속 전송 속도로 현실과 구분하기 어려운 AR(augmented reality), VR(virtual reality) 서비스를 제공하고, 다양한 IoT 디바이스(커넥디드 카, 각종 센서)에 대한 실시간 서비스가 가능하다.

다시 말해, 초연결(hyper-connectivity), 초고속, 초실시간처리 통신 서비스로 현실감 있는 증강현실, 원격의료, 자율주행 등이 가능할 것이다.

# 자료 출처 및 참고문헌

**▌정보**

72쪽 그림(참조): https://www.kisa.or.kr/main.jsp(한국인터넷진흥원)

77쪽 그림: http://www.molit.go.kr/portal.do(국토교통부)

99쪽 그림(아래): http://gs.statcounter.com/

99쪽 그림(위): http://www.koreahtml5.kr/jsp/infoSquare/browserUseStatsKor.jsp

100쪽 그림: http://www.computerhistory.org/atchm/chm-fellow-douglas-c-engelbart/

104쪽 그림: http://xanadu.com/xanademos/MoeJusteOrigins.html

115쪽 사진: http://www.fxgear.co.kr/html/main.html

139쪽 그림: http://www.ipnomics.co.kr/?p=8712)

171쪽 사진: http://www.computerhistory.org/revolution/memory-storage/8/259/1041

# 정보 탐색의 아쉬움을 해결해주는 친절함

이종호
(한국과학저술인협회 회장)

한국인이 책을 너무 읽지 않는다는 것은 꽤 오래된 진단이지만 근래 들어 부쩍 더 심해진성습니다. 전철이나 버스에서 스마트폰으로 다들 카톡이나 게임을 하지 책을 읽는 사람은 거의 없습니다. 과학 분야 책은 말할 것도 없겠지요. 과학 분야의 골치 아픈 개념들을 굳이 책을 보고 이해할 필요가 뭐란 말인가, 필요할 때 인터넷에 단어만 입력하면 웬만한 자료는 간단히 얻을 수 있는데……다들 이런 생각입니다. 그러니 내로라하는 대형 서점들의 판매대도 갈수록 좁아들어 겨우 명맥만 유지하고 있는 것이겠지요.

이런 현실에서 과목명만 들어도 골치 아파 할 기술발명, 물리, 생명과학, 수학, 지구과학, 정보, 화학 등 과학 분야만 아울러 7권의 '친절한 과학사전' 편찬을 기획하고서 저술위원회 참여를 의뢰해왔을 때 다소 충격을 받았습니다. 이런 시도들이 무수히 실패로 끝나고 만 시장 상황에서 첩첩한 현실적 어려움을 어찌 이겨 내려는가, 하는 염려가 앞섰습니다.

그러나 그간의 실패는 독자의 눈높이에 제대로 맞추지 못한 탓도 다분한 것이어서 '친절한 과학사전'은 바로 그 점에서 그간의 아쉬움을 말끔히 씻어줄 것으로 기대됩니다. 또 우리 학생들이 인터넷에서 필요한 정보를 검색했을 때 질적으로 부실한 자료에 대한 실망감을 '친절한 과학사전'이 채워줄 것으로 믿습니다. 오랜 가뭄 끝의 단비 같은 사전이 출간된 기쁨을 독자 여러분과 함께 나눌 수 있기를 바랍니다.

# 제4차 산업혁명의 동반자 탄생

왕연중
(한국발명문화교육연구소 소장)

오랜만에 과학 및 발명의 길을 함께 갈 동반자를 만난 기분이었습니다. 생활을 함께할 동반자로도 손색이 없을 것 같았지요. 생활이 곧 과학이기 때문입니다.

40여 년을 과학 및 발명과 함께 살아온 저는 숱한 과학용어를 접했습니다. 특히 글을 쓰고 교육을 할 때는 좀 더 정확한 용어의 선택과 누구나 쉽게 이해할 수 있는 해설이 필요했습니다. 그때마다 자료가 부족하여 무척 힘들었지요. 문과 출신으로 이과 계통에서 일하다보니 더 힘들었고. 지금도 마찬가지입니다.

바로 이때 '친절한 과학사전' 편찬에 참여하여 감수까지 맡게 되었습니다. 원고를 읽는 순간 저자이기도 한 선생님들이 교육현장에서 학생들에게 과학을 가르치는 생생한 육성을 듣는 기분이었습니다. 신선한 충격이었지요.

40여 년을 과학 및 발명과 함께 살아왔지만 솔직히 기술발명을 제외한 다른 분야는 비전문가입니다. 따라서 그동안 느꼈던 과학 용어에 대한 갈증을 해소시켜주는 청량음료를 만난 기분이었습니다.

그동안 어렵게만 느껴졌던 과학용어가 일상용어처럼 느껴지는 계기를 마련할 것으로 믿으며, '제4차 산업혁명의 동반자 탄생'으로 결론을 맺습니다.

'친절한 과학사전'이 누구보다 선생님들과 학생들이 과학과 절친한 친구가 되는 역할을 하기를 기대합니다.

# 누구나 쉽게 과학을 이해하는 길잡이

강충인
(한국STEAM교육협회장)

일반적으로 과학이라고 하면 복잡하고 어려운 전문 분야라는 인식을 가지고 있습니다. 그러나 '친절한 과학사전'은 과학을 쉽게 이해하도록 만든 생활과학 이야기라고 할 수 있습니다. 과학은 생활 전반에 응용되어 편리하고 다양한 기능을 가진 가전제품을 비롯한 생활환경을 꾸며주고 있습니다.

지구가 어떻게 생겨나 어떻게 변화해오고 있는지를 다룬 것이 지구과학이고, 인간의 건강과 생명은 어떻게 구성되어 있고 관리해야 하는가는 생명과학에서 다루고 있습니다.

수학은 생활 속의 집 구조를 비롯하여 모든 형태나 구성요소를 풀어가는 방법입니다. 과학적으로 관찰하고 수학적으로 분석하여 새로운 것을 만들거나 기존의 불편함을 해결하는 발명으로 생활은 갈수록 편리해지고 있습니다.

수많은 물질의 변화를 찾아내는 화학은 물질의 성질에 따라 문제를 해결하는 방법입니다. 물리는 자연의 물리적 성질과 현상, 구조 등을 연구하고 물질들 사이의 관계와 법칙을 밝히는 분야로 인류의 미래를 위한 분야입니다. 4차 산업혁명시대에 정보는 경쟁력입니다. 교육은 생활 전반에 필요한 지식과 정보를 습득하는 필수 과정입니다.

'친절한 과학사전'은 학생들이 과학 지식과 정보를 쉽고 재미있게 배우는 정보 마당입니다. 누구나 쉽게 과학을 이해하는 길잡이이기도 합니다.

친절한 과학사전 – 정보

ⓒ 김갑수, 2017

초판 1쇄 2017년 9월 22일 찍음
초판 1쇄 2017년 9월 28일 펴냄

지은이 | 김갑수
펴낸이 | 이태준
기획·편집 | 박상문, 박효주, 김예진, 김환표
디자인 | 최진영, 최원영
관리 | 최수향
인쇄·제본 | 제일프린테크

펴낸곳 | 북카라반
출판등록 | 제17-332호 2002년 10월 18일
주소 | (121-839) 서울시 마포구 서교동 392-4 삼양E&R빌딩 2층
전화 | 02-486-0385
팩스 | 02-474-1413
www.inmul.co.kr | cntbooks@gmail.com

ISBN 979-11-6005-039-4   04400
      979-11-6005-035-6   (세트)

값 10,000원

이 도서의 국립중앙도서관 출판시도서목록(CIP)은 서지정보유통지원시스템
홈페이지(http://seoji.nl.go.kr)와 국가자료공동목록시스템(http://www.nl.go.kr/kolisnet)에서
이용하실 수 있습니다. (CIP제어번호 : CIP 2017023940)